いま福島で考える

震災・原発問題と社会科学の責任

後藤康夫
森岡孝二
八木紀一郎
編

桜井書店

はしがき

本書は、東日本大震災と東電福島第1の原発事故が起きて1年後の2012年3月24〜25日に、福島市で複数の経済学系学会の共催でおこなわれた市民参加型のシンポジウムの記録である。その内容は企画者の予想以上に豊かであり、また日本の社会科学と市民社会との関係の回復のためにも有益な催しとなった。それが、本書を公刊する理由である。

この集会の開催をよびかけたのは経済理論学会で、経済地理学会、日本地域経済学会、基礎経済科学研究所がそれに賛同して共催団体になった。政治経済学・経済史学会は協賛という形で協力した。福島大学に設置された「うつくしまふくしま未来支援センター」にも協賛していただいたが、福島大学からは集会関係者の所属していた経済経営学類だけでなく、全学からも人的・経済的支援を受けた。

わたしたちが福島で集会を開催したいと考えたのは、大震災・原発事故による地域社会・地域経済の破壊を総体的に解明し、それからの復興を構想しうるように経済学を再生させるためには、災害を直接受けた人たち、間接的被害を受けた人たち、潜在的リスクにさらされている人たちの視点をとりいれ、市民の前で討議しうるスタイルを生みだすことが不可欠だと考えたからである。

今回の震災問題・原発事故では、従来の防災対策と地域政策、原子力に依存した電力供給体制を支えていた政治構造、産業体制、そして科学技術のありようが鋭く問われた。はじめは「想定外」ということばが弁解の枕詞のように用いられたが、それは費用等との関係で便宜的に考慮の範囲外に置くことに過ぎなかったことがすぐに明らかになった。「予測不可能な事態」ともよくいわれたが、これは単純に嘘であった。多くの虚偽説明と混乱、さらにつもりつもった不作為が暴露されて、第2次大戦後の日本社会を支配していたナイーブな科学技術信仰がものの見事に崩れ去った。これは日本の精神史における大きな断絶点となるであろう。それを集会に参加した一市民は「科学に対する信頼が地に墜ちている」と表現した。

現在の日本社会では、経済学を含む社会科学に対する信頼は自然科学や先端技術へのそれよりも格段に低い。その意味では、社会科学者には失うべき信頼などはそもそも無いというべきかもしれない。しかし、「信頼」が一般にあろうとなかろうと、社会科学は、政策や現状評価に対して、肯定的（支持）であれ、否定的（批判）であれ、自然科学以上の影響力をもっている。社会科学は、まさに社会認識と政策形成のツールであるからである。

震災と原発事故に直面した市民は、なぜこのような惨事がこのような場所でこのような規模で起きたのか、なぜそれへの対応がこれほど遅延と混乱を繰り返しているのか、復興と再生の方針はどうあるべきかと問いかける。それに対して、社会科学者は、その問いを共にすると同時に、それが自らの責任を問うていることを自覚しなければならないのではないかと思う。

福島の集会には会場の定員をこえる参加者があり、共催・協賛学会に所属しない研究者や地元市民も積極的に討論に加わった。私の脳裏に焼き付いているのは、「集会宣言案」をめぐる討議において、市民の側から、市民が加わらなければ科学者の議論も公正なものにならないのではないかという発言、自分は非条理な状況に自分たちを置いた東電などと闘う武器になる理論を求めてこの集会に来たという発言、被災地・被災者の立場からすればより強い態度表明が必要だという発言が相次いだことである。それらすべては、社会科学研究者に対して、その責務を問う声であったと私は思う。

低線量被曝にさらされている福島に行き、現地の声を聴き、現地の市民の前で、市民を交えて討論することで、日本の社会科学の再生の途をつかむ。この集会では、少なくともその手掛かりが得られたように思う。最後に、このような企画を支援していただき、それを豊かなものにしてくださったすべての協力者、個人・団体、すべての集会参加者にこころから感謝します。

2012年8月10日

福島シンポジウム実行委員長　八木紀一郎
（経済理論学会代表幹事）

目次

はしがき 003
福島シンポジウム実行委員長・経済理論学会代表幹事 八木紀一郎

挨拶とメッセージの紹介
入戸野 修（福島大学長）の挨拶 010
江夏健一（日本経済学会連合 理事長）からのメッセージ 014

第1部 原発災害の現地から

1——周辺自治体における避難と放射能との闘い 019
三つに線引き・分断された街
南相馬市長 桜井勝延

2——命を脅かす原発とわれわれは共存できない 041
被曝した大地と農産物：全面賠償と除染を求め直接行動
福島県農民運動連合会 事務局長 根本 敬

3―立ち上がった新しい市民運動 057
8・15世界同時フェスティバルFUKUSHIMAに全国から1万3千人、
ネット同時発信に全世界から25万人参加
プロジェクトFUKUSHIMA実行委員会代表・ミュージシャン 大友良英

第2部 震災・原発事故が政治経済学に問うもの

4―震災・原発問題と日本の社会科学 087
政治経済学の視点から
経済理論学会代表幹事・摂南大学教授 八木紀一郎

5―東日本大震災・原発事故と社会のための学術［付：資料］ 107
日本学術会議前会長・専修大学教授 広渡清吾

6―原災地域復興グランドデザイン考 133
経済地理学会前会長・福島大学学長特別補佐 山川充夫

7―東日本大震災と漁業 167
震災後の「減災」に向けた社会科学の役割
日本地域経済学会会員・東京海洋大学准教授 濱田武士

8――「資本から独立した政治経済学」が今こそ必要 185
基礎経済科学研究所前理事長・慶應大学教授 大西 広

第3部 フクシマ、チェルノブイリ、ドイツ

9――福島第1原発事故と福島における復興の道 201
元福島県復興ビジョン検討委員会座長・福島大学名誉教授 鈴木 浩

10――福島とチェルノブイリ 223
差異と教訓
福島県チェルノブイリ調査団団長・福島大学前副学長 清水修二

11――ドイツの脱原発への道 239
ドイツ政府エネルギー問題倫理委員会委員
ベルリン自由大学環境政策研究センター長
ミランダ・シュラーズ

第4部 市民参加の討論と集会宣言

ご挨拶

福島大学長　入戸野　修

みなさまよくお越しくださいました。福島大学の学長の入戸野と申します。少しお時間をいただきまして、御礼と一言ご挨拶を申し上げたいと思います。

このたび、世界で最も有名な福島で原発・震災問題シンポジウムを開催していただき、多数の研究者のみなさまが福島の現状を視察していただきましたことを、まことにありがたく御礼申し上げます。また、震災直後、大学の備蓄品が十分ではなく、他地区の国立大学からの心温まる支援物質の供給は次のステップを踏み出すにあたりたいへん心強いものでありました。あらためて感謝と御礼を申し上げたいと思います。

今回の天災・人災では、福島大学の持つ物的・人的・知的資源の有効活用能力と大学の個性が試されました。福島大学では、震災直後に危機対策本部を起ち上げ、構成員のあいだで情報を共有し、現実を直視し、大学は何をできるか、いま何をすべきかと分析し、その時点での最善策を講じてまいりました。大災害は日頃の大学の活動や大学と地域との関わりから築かれた姿勢が自然に発揮される時でもあります。

最初に、構成員の安否確認を優先いたしまして、3月23日には、わたしどもは附属学校園ということで、幼児・小学生・中学生を含む全員の無事を確認したあと、現場でいま起こっていることを調査すべきであろうということで、全教員に東日本大震災総合支援プロジェクトでの調査研究を呼びかけました。その結果、35件のプロジェクトが動き始めたという状況です。

これらのプロジェクトでは、本学がこれまで日ごろ文系・理系を融合した視点で地域住民と連携してきた積極面が、効果的に発揮されました。これらの活動では、地域住民の目線で支援活動することを第一といたしました。例を申し上げますと、原発事故後の放射性物質の地域拡散分布状態について、ガソリンの入手が困難な時期に、本学の計測チームはタクシーを借り上げて、3月25日から7日間、2キロメートル四方での放射線計測を行いまして、世界で最初の二次元の面マップを作成しました。その成果は、最初に、当事者の浪江・飯舘をはじめとする各村、それから文部科学省を通して当時の菅首相のところまで提供されました。その結果は、だいぶ後に出た

SPEEDIの結果とほとんど同じであったということです。

わたくしの専門は物理学ですので、こういった研究・調査はスピード感が要求されます。本来ですとすぐ論文に発表するわけですが、大学発の情報の社会的位置づけを考慮し、今回は原発事故ということで、自分の村がどうなっているかという情報を大学がいち早く発信するということの意味をすごく意識したことで、実際には、まず地域の住民に情報を提供するという過程をとったわけです。その結果、研究論文の発表という形では実ることはありませんでした。

現在は長期的に福島県の復興に取り組むため、「うつくしまふくしま未来支援センター」を設置し、いくつかの支援活動を継続しております。支援と研究は両立しないものであるということで、支援センターと名乗っています。現在、学長特別補佐のセンター担当ということで山川充夫先生に運営をお願いしていますが、この4月から正式にセンター長にご就任いただき、スタッフを大幅に増員して本格的に始動することになっています。今後は複合災害を体験した大学として、災害復興に関わる最新の教育研究活動を定期的に国内外に発信するとともに、活動への学生・大学院生・教職員の共同参画を得て、既存概念の枠を越えた新しい知の創造と、災害復興に積極的に従事する実践力のある人材の育成に取り組みたいと思っているところです。

今回のシンポジウムでは現地発のいろいろな情報に接していただいたわけですが、あらためて、テレビや新聞での情報と現場での生の情報がいかに違っているかということを感じ取っていただけたのではないかと思います。

どうぞ、福島の置かれた現状、とくに震災・津波・原発事故・風評被害といった複合災害によって引き起こされた教育・文化・経済・産業などの全般にわたる被害状況を、みなさまの専門であるポリティカル・エコノミーの視点から分析し、ご議論いただいて、今後とも福島の復旧・復興にご支援ご協力を賜りますようお願いして、挨拶とさせていただきます。

ご挨拶――メッセージ

日本経済学会連合　理事長
江夏健一

東日本大震災から早くも1年の歳月が経ちました。被災された方々、あるいは未だに避難生活を余儀なくされておられる地域の方々には、改めて心よりのお見舞いを申し上げます。

社会科学、わけても経済学とその関連諸科学の研究を目的とする64の学会から構成されている日本経済学会連合でも、大震災からの復興に向けて何かできることはないものかと思慮しておりましたが、この度、連合に加盟する3つの学会（経済理論学会、経済地理学会、政治経済学・経済史学会）ほかが協同して、「震災・原発問題福島シンポジウム」を開催されるとの計画を聞きました。そこで連合からも、ささやかではありますが後援をさせていただくこととなりました。

「シンポジウム」のご成功をお祈りいたします。また、これを契機に、連合加盟の他の学会からの「復興支援」へのコミットメントが高まることを切に希望します。

いま福島で考える

震災・原発問題と社会科学の責任

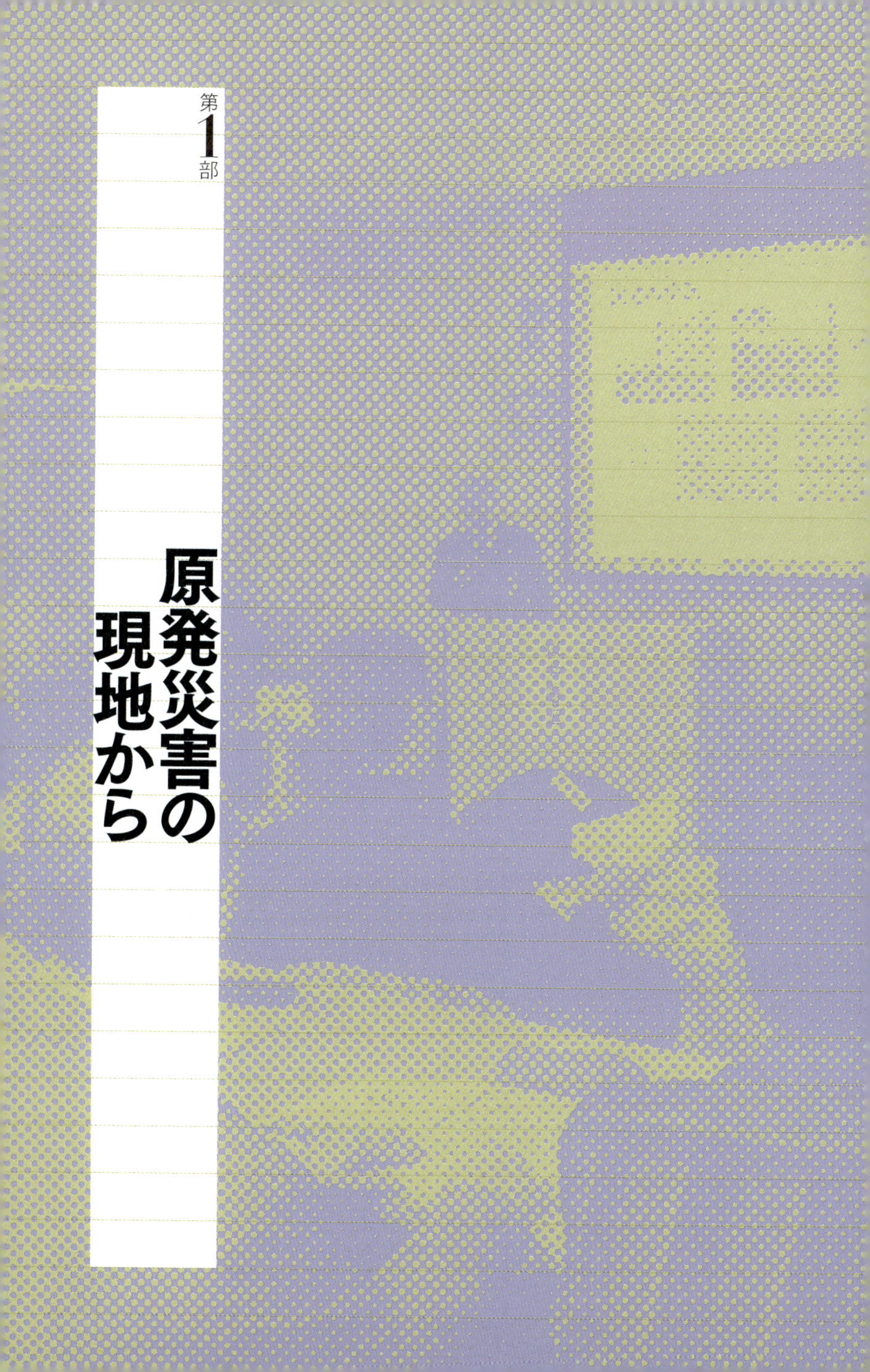

第1部
原発災害の現地から

1

周辺自治体における避難と放射能との闘い

三つに線引き・分断された街

南相馬市長
桜井勝延

みなさんこんにちは。ただいまご紹介いただきました南相馬市長の桜井でございます。私の経験を話すようにとのお誘いがありました。福島大学の山川充夫先生のお誘いなので断れないなと、正直思ってお受けしました。と申しますのは、山川先生には南相馬市をずっと支援していただいてきましたし、今回われわれが復興計画を作るにあたって、復興市民会議ならびに復興有識者会議のまとめ役として支援をいただいてまいりました。

被災等の状況

みなさんに、まずパワー・ポイント（写真と図表）で当時の状況をご覧いただきます。［写真❶］…これは湾のように見えますが、鹿島区の八沢地区という昔、開田をしたところで、

写真❶

津波が来た後、自衛隊が撮った写真です。湾になってしまっているわけです。どれほど大きな面積かというのは想像つかないでしょうが、250ヘクタールくらいはあると思います。

地震の状況［写真❷〜❹］…これはそれぞれ三区の状況です。三区というのは、旧小高町と旧鹿島町と旧原町市が一緒になって南相馬市ができましたので、それぞれの区域を小高区、鹿島区、原町区と呼んでいます。

津波の状況［写真❺〜❽］…これも津波直前・直後の状況です。❺❻は、小高区の浦尻地区を津波が襲う直前の写真です。津波が襲った後、集落があったところは全壊しています。❼❽は、さきほどの鹿島区の八沢地区で津波が来た第一波の写真です。第一波はこの程度なのですが、第二波はこの倍くらいの高さで襲ったと、津波を目撃した人たちは

地震の状況

写真❷：小高区（平成23年3月12日撮影）

写真❸：鹿島区（平成23年3月12日撮影）

写真❹：原町区（平成23年3月11日撮影）

津波の状況

上：写真❺ 下：写真❻：小高区浦尻を襲う津波

上：写真❼ 下：写真❽：鹿島区南海老に押し寄せる津波

言っております。

津波の被害◉小高区［写真❾］…ここは浦尻地区と村上地区を合わせた小高区が、先ほどの八沢地区と同じような形で冠水状態になっているという状況です。［写真❿］…ここは国道6号線の給油所なのですが、ここまで車が流されてきています。

津波の被害◉鹿島区［写真⓫］…ここは鹿島区の真野地区というところで、おおよそ海岸から3キロメートルのところなのですが、ここに真野漁港の船が流されてきている状況です。［写真⓬］…こちらはその手前の国道6号線の状況ですけれども、がれきも含めて、国道を越えて、西側にある常磐線も越えて、津波が、この場合は4キロメートル弱くらい襲ってきております。

津波の被害◉原町区［写真⓭⓮］…これは原町区の状況ですが、⓮は東北電力で、東北としては一基あたり最大の発電量を誇る発電所の被災状況です。このままだと被災しているように見えないですが、いずれも100万キロ（ワット）の2基が全壊して修理中で、1日あたり3500人

津波の被害

◉小高区

写真❾：津波にのまれた水田

写真❿：津波の力で自動車も大破

◉鹿島区

写真⓫：真野小学校前に打ち寄せられた漁船（漁港から約3km）

写真⓬：国道6号を越えた津波

◉原町区

写真⓭：住居の2階部分が転がる

写真⓮：一瞬にして全てが奪われた

くらいの労働者が入って、来年8月前には修復したいという勢いで作業しています。⓭は3キロ弱のところの破壊された家屋です。

避難の様子［写真⓯⓰］…これは、続いて起こった原発事故で、南相馬市の判断でバス避難を行っている状況と、避難所の状況です。⓰は小学校の体育館ですが、幸いにして耐震改修を行って、3月の落成予定でしたが、津波と原発事故でそ

避難の様子

写真⓯：バスで県外へ

写真⓰：避難避難所には大勢の被災者

のまま避難所に変わった次第です。

市内の様子［写真⑰〜⑲］…これは、当時の状況は福島市も同じだったかと思いますが、南相馬市は30キロ圏にかかったおかげで、物資が入らなくなりました。ガソリンを求めて、長蛇の列です。一方で、街中は人一人いない状況で、後に辞任した鉢呂経済産業大臣が「死の町」的な表現でたたかれましたけれども、実態としてはこういうことで、当時は「死の町」になっていたわけですので、何をか言わんやと思います。私はどちらかというとマスコミに対して非常に怒りを持っているところがあるものですから、当たり前のことを言ってたたかれるのは何事だ、という感覚です。

被害状況◉人的被害・住家被害［表❶］…これは人的被害の状況をまとめたものですけれども、死者896人、行方不明者4人になっています。実際に津波で亡くなった方は638名、そのうち行方不明者は4人ですが、震災関連死ということで、避難を余儀なくされて死亡

写真⑰：ガソリンを求め行列

市内の様子

写真⑲：だれもいない駅前通り

写真⑱：閉店したままのスーパー

被害状況

写真⑳

◉人的被害

表❶　平成24年3月12日現在

▶ 死亡 （うち震災関連死	896人 266人）
▶ 行方不明	4人
▶ 重傷者	2人
▶ 軽症者	57人

◉住家被害

表❷　平成24年1月31日現在［単位：世帯］

区分	全世帯数	被害世帯数	全壊		大規模半壊		半壊		床下浸水
			津波	地震	津波	地震	津波	地震	津波
小高区	3,771	463	317	－	33	－	65	－	48
鹿島区	3,460	579	409	16	14	17	42	49	32
原町区	16,667	593	436	2	33	5	58	28	31
合計	23,898	1,635	1,162	18	80	22	165	77	111

※小高区の地震被害は、調査ができていません

◉農地被害

津波によって甚大な被害を受けて、流失・冠水した農地は、市の耕地面積の約3割に達すると推計されています。また、原発被害によって、平成23年度の水田作付は30㎞圏内で制限されたことを受け、本市全域において作付けを行わないことになりました。

表❸

耕地面積（平成22年度）	農地流出・冠水等		推定面積の田畑別内訳の試算	
	被害推定面積	被害面積率（%）	田耕地面積	畑耕地面積
8,400ha	2,722ha	32.40ha	2,642ha	80ha

農林水産省大臣官房統計部農村振興局作成
平成23年3月29日発表

写真㉒：稲刈りしたままの水田

写真㉓：雑草が生い茂る水田

写真㉑：津波によって冠水した水田

した方が266人いるということです。この内容についても後ほどお話をします。

被害状況◉農地被害［写真㉑］…これは八沢地区の冠水した水田の中にある家屋です。冠水したあと、主に稗が生えてきている状況です。

様々な支援…当時は国の支援はなかなかなかったのですけれども、［写真㉔］…災害時相互援助協定を結んでいる杉並区だとか、東吾妻町、小千谷市、名寄市の方々から直接支援をいただいて、このようなスクラム支援会議を作っています。［写真㉕］…富山県の南砺市と災害時応援協定を結んだのですけれども、これは江戸時代末期に、天明・天保の飢饉のときに、加賀のほうからの移民を相馬藩で受け入れたということで、現実的にも親戚関係が続いていて、その南砺市のほうから支援をいただいたことをきっかけに、災害時の相互応援協定を結ぶことになりました。

様々な支援

震災発生以降、全国の自治体から様々な支援を受けています。東京都杉並区、北海道名寄市、新潟県小千谷市、群馬県東吾妻町との「スクラム支援会議」をはじめ、富山県南砺市と「災害応援協定」を締結し、復旧・復興に向けて進んでいます。また、静岡県島田市や埼玉県所沢市などから職員が派遣されています。

写真㉔：スクラム支援会議

写真㉖：全国の自治体から派遣された職員

写真㉕：富山県南砺市と災害応援協定の締結

［写真㉖］…われわれの被災の状況について、各自治体から派遣をいただいて支援をいただいている様子です。

現在の状況◉居住関係 ［写真㉘］…仮設住宅です。仮設住宅は1戸あたり500万円を超えるのですが、県の発注で国が7万戸くらい作る予定です。南相馬市は30キロ圏にかかった影響で、仮設住宅をなかなか作れず、30キロ圏外にしか作れないものですから、当時5400戸ほど必要な状況に追い込まれたのですけれども、当初建設できたのは500戸程度でした。とりわけ警戒区域に設定された小高区を中心とする方々が戻るに戻れない状況があったとい

現在の状況

◉居住関係

写真㉗：雇用促進住宅

写真㉘：仮設住宅

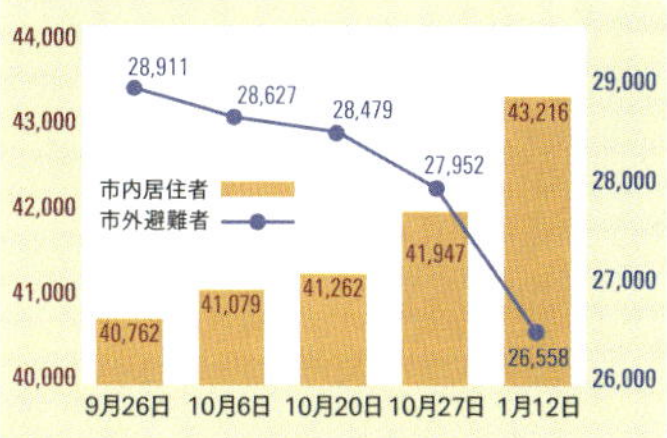

図❶

表❹　総務企画部情報政策課　平成24年1月12日作成

	住民基本台帳人口（平成23年2月28日）	市内居住者	市外避難者	転出・死亡者（所在不明者を含む）
小高区	12,834	4,879（4,183）	7,570（8,276）	385（375）
		＋696	−706	＋10
鹿島区	11,610	9,332（9,106）	1,879（2,094）	399（410）
		＋226	−215	−11
原町区	47,050	29,005（27,473）	17,109（18,541）	936（1,036）
		＋1,532	−1,432	−100
合計	71,494	43,216（40,762）	26,558（28,911）	1,720（1,821）
		＋2,454	−2,353	−101

※カッコ内は平成23年9月26日現在（緊急時避難準備区域解除前）

◉学校関係

現在の状況

写真㉙：体育館での授業（平成23年4月22日）

写真㉚：2学期から完全給食再開
（平成23年8月25日）

写真㉜：原町区5校再開（平成23年10月17日）

写真㉛：原町区3校再開（平成24年1月10日）

表❺：小・中学校児童生徒の在籍推移　　［単位：人］

区分	区名	4月6日（予定人数）	4月22日在籍（1学期開始日）		8月25日在籍（2学期開始日）		10月17日在籍（原町区5校再開日）		1月10日在籍（3学期開始日）		区域外就学（1月10日）	
		A	B	B／A	C	C／A	D	D／A	E	E／A	県内	県外
小学校	原町区(8校)	2,716	786	29%	951	35%	967	36%	1,106	41%	416	1,043
	鹿島区(4校)	625	402	64%	486	78%	484	77%	506	81%	22	93
	小高区(4校)	717	43	6%	149	21%	149	21%	167	23%	162	348
	計	4,058	1,231	30%	1,586	39%	1,600	39%	1,779	44%	600	1,484
中学校	原町区(4校)	1,295	555	43%	688	53%	710	55%	784	61%	155	332
	鹿島区(1校)	324	238	73%	282	87%	285	88%	289	89%	7	19
	小高区(1校)	344	52	15%	90	26%	88	26%	99	29%	98	132
	計	1,963	845	43%	1,060	54%	1,083	55%	1,172	60%	260	483
	合計	6,021	2,076	34%	2,646	44%	2,683	45%	2,951	49%	860	1,967

教育委員会　平成24年1月10日作成

うことをお伝えしたいと思います。

現在の状況◉学校関係［写真㉙〜㉜］…小学校の授業の様子です。これを見ると落ち着いているように見えるかもしれませんが、鹿島区の30キロ圏外でしか文科省にも認めてもらっていませんでしたので、その4つの小中学校と1つの体育館とに、22校の小中学校の生徒たちがぎゅうぎゅう詰めで勉強していたのです。

現在の状況◉事業所関係［写真㉝㉞］…これは警戒区域内の小高区の工場または店舗が、中小企業基盤整備機構の支援のもとで、仮設工場や仮設店舗を設けて30キロ圏外で営業を再開しているという状況です。

原子力発電所事故［写真㉟〜㊳］…これは警戒区域の状況と一時立ち入

◉事業所関係

表❻：商工会議所等会員数と再開会員数

	原町商工会議所	鹿島商工会	小高商工会	合計
10月23日現在会員数（A）	1,294	297	317	1,908
（3月31日現在）	（1,245）	（311）	（317）	（1,873）
10月23日現在再開会員数（B）	約780	248	92（市内で再開46）	約1,120
再開率（B／A）	60%	84%	29%	59%

経済部商工労政課　平成23年10月23日作成

表❼：経済センサス（事業所・企業統計調査）

	平成18年	平成21年
▶南相馬市事業所数	3,599	3,652 3,721（事業内容等不詳含む）
▶旧原町市	2,591	
▶旧鹿島町	474	
▶旧小高町	534	

写真㉞：仮設工場

写真㉝：仮設店舗

り、そして東電の仮払い申請の説明会の状況です。警戒区域内に入った後、スクリーニングを受ける様子も出ています。

除染［写真❸❾～❹❶］…除染が始まって、われわれは国よりも前に独自に8月・9月の間に除染をして、避難区域解除に向けて準備をしているという状況なのですけれども、南相馬市は、みなさんご存じの方もいると思いますが、放射線量は福島市の半分以下です。30キロ圏内にかかるといかにも出入りが厳しいかのような、東京に行くと今でも福島県に入りたがらないような人もいますけれども、実際には、除染

原子力発電所事故

写真❸❺：警戒区域の検問

写真❸❻：東京電力の仮払い申請

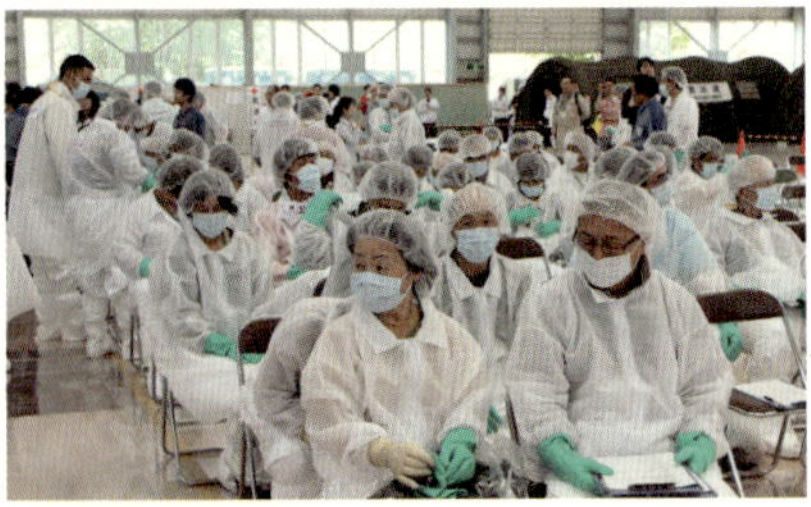

写真❸❼：警戒区域への一時立入り

写真❸❽：スクリーニング

が必要ないほどに低い所もあるわけです。今朝テレビ朝日の報道ステーションのクルーが、がれき処理の取材で私のところに来ましたけれども、海辺で測ると0・04マイクロシーベルトですので、どれほど低いかわかると思います。

原発事故による住民の避難

以上、写真に基づいて、話を申し上げました。原発事故の話がどうしても中心になってくるのですが、南相馬市の場合は、福島県で一番、震災での犠牲者、津波による犠牲者が多いところなのです。南相馬市単独で、津波だけでも638名の方が亡くなったり行方不明になったりしておりますし、その中で、原発事故が3月12日から連続して起こったために3月12日には避難指示区域、3月15日には屋内待避区域というような形で、また30キロ圏外についてはまったく対応がないという状況で、3分割にされ

除染

東京大学アイソトープ総合センター長の児玉龍彦医学博士の指導や助言を受けながら除染を行っています。また、本市では平成23年8月と9月を「除染強化月間」と位置づけ、除染活動に取り組んでいます。

写真㊴：高圧洗浄機による除染作業

写真㊵：専門家を招いて一緒に作業する地域住民

写真㊶：学校校庭の表土剥ぎ作業

ているわけです。家族を失った方が、原発事故で、捜索も出来ない状況に追い込まれたのです。3月12日には、われわれは40箇所に1万人以上の避難を余儀なくされました。一晩で、小高区と原町区の一部にかかる1万4千人の住民を、3月12日に避難指示が出たことをテレビで見て、それで避難をさせなければならない。市外、20キロ圏外に避難をさせる。一晩中かかっておおよそ1万4千人を移動させざるをえなかったわけです。これは本来であれば、南相馬市は20キロ圏内に1万4千人の住民がいるわけで、国の避難指示があったとすれば、文書とか通知とかがあって然るべきです。にもかかわらず、後の検証の中では、南相馬市という文字すら消えているわけです。

しかし、事故調査委員会等はまだ一度も私のところには来ておりませんで、どういうことになっているのかよくわかりませんが、なぜ3月12日の時点で南相馬市が外されていたのか。私はこれが大きな問題だと思っております。政府との連絡がまったく滞ってしまったので、私は個人的に電話がつながった、たとえば当時の益子経済産業副大臣に「ガソリンが入らない、どうにかしてほしい」ということで、訴えました。つながる間は訴え続けましたが、ご本人はだいぶ苦労して30数台のタンクローリーを調達されたようですけれども、実際に南相馬市向けには4台だけでした。それもタンクローリーは郡山市に置いて、運転手は帰っているわけです。郡山市にタンクローリーを取りに来いと言われるわけで、われわれが運転手や資格を持っている人たちを調達して、物資を取りに行かなければいけない。3月12日にも、会津方面から、おにぎりなどの支援物資が届くという連絡が相双地方振興局からあり、準備しましたが、川俣町までしか入らない。なぜ？という感じでしたけれども、これも20キロ、30キロの規制にかかってしまっている影響で、そういう措置がとられるわけです。疑問に思う場面ばかりでした。

その後、行方不明者の捜索はわれわれが必死になって行う一方で、原発の相次ぐ爆発事故で、避難をさせないと危ないのではないか、ということになりました。3月12日から13日、14日と、ほぼ寝られない状況の中で、役所で指揮をとっていました。国からは連絡がない中で、県とは衛星電話で連絡がとれるのですが、県はなかなか判断をしないのです。われわれは3月14日には避難をさせると、自分の中で決めていたのですが、県はこれを承認しない。承認するどころか、協議中なので結論は出したくないという雰囲気でした。国とはまったくつながらないという状況でしたので、そのもたもたしている間に3号炉が爆発をした、というようなことがあって、災害対策本部を開催している最中でしたけれども、警察から、「今、爆発してキノコ雲があがった」という連絡が入りました。キノコ雲があがったの？これでおしまいか？というような状況でした。

そういう中にあっても、本来、私は避難をさせるということを前提に考えていましたから、避難できる人は自分から避難していたわけです。3月12日の爆発した瞬間から。それもあてもなく、全国各地へと、ガソリンを途中で調達しながら行くわけです。3月14日には、私は夜中から職員たちを起こして、もう市民を避難させないと危ないと思っていました。もたもたして結論が出ない状況の中で爆発してしまったわけで、恐怖は絶頂でした。

自衛隊の話をすると、自衛隊のみなさんにも叱られるのですけれども、3月14日に自衛隊の迷彩服を着た人たちが役所の中までやって来て、100キロ避難指示が出た、と言うわけです。100キロ避難指示が出て、どうするの？　という感じでしたけれども、職員の中にはそれを聞いてびっくりして一時的には避難をした職員もいたことは間違いありません。私のところの職員も、仙台の手前あたりまで、避難をしたひとたちもいました。連絡がついてすぐ戻しましたけれども、政府から何も連絡が来ないなかで、自衛隊が入ってきて100キロ避難指示が出たと言われたら、たぶんみんなびっくりして逃げて行くのではないでしょうか。多くの市民は自主的に避難していましたけれども、私は3月15日に単独で相馬市、丸森町（福島県と隣接する宮城県南端の町）、伊達市梁川町に協力要請をして、相馬市の立谷市長の支援もあって、相馬市の旧高校の体育館、伊達市梁川町の体育館、丸森町の体育館へ避難させる手配をしました。私がバス会社の社長に連絡をして、バスを調達して、役所のマイクロバスを調達して、それでも足りないので、飯舘村の菅野典雄村長に直接衛星電話で連絡をして、バスを貸して欲しいと頼みました。なぜかというと、飯舘村はスクールバスがあるので、スクールバスを貸して欲しいと申し上げて、彼はそこで即断はできませんでしたけれども、夕方になってバスを出すという判断をしてくれましたので、15日の一晩でおよそ1500人は30キロ圏外に避難をさせました。まったくの独断でしたので、職員のあいだにも若干違和感はあったのですが、16日にNHKの「おはよう日本」のインタビューのあと、これもみなさん周知の事実かもしれませんが、新潟県の泉田知事から、直接私のところに電話があって、新潟県で南相馬市民全員を受け入れるから、避難させていいですよという電話があって、急遽役所の幹部職員を集めて避難計画を作れということで、16日の夜に、市内の7箇所の避難所で説明会をして、それで次の日の朝からバスで誘導し始めたという状況です。

一方で、さきほどの自治体支援のように杉並区、長野県の飯田市、また自治体直接ではないですけれども群馬県の片品村とか草津町とか、また別ルートで、千葉県の森田知事と連絡が取れてバスをお借りするということで、17日の朝から避難を始めました。15日の分と合わせると、おおよそ5千人を避難させましたが、南相馬市からは7万1千人のうち、自主避難も含め避難をした市民は6万人を超えています。

ひとつの自治体で6万人以上が避難をしたのは南相馬市だけだと思っています。当時は、東日本大震災全体を含めて、避難をした人の4人に1人が南相馬市民だということです。北は北海道から南は沖縄まで、また行ける人はアメリカまで、避難をしているという状況です。ただ、現実的には、今、南相馬市に4万3600人の住民が住んでいます。なぜこういうことが起こっているのか、私なりに分析すると、警戒区域を含めて避難指示がかかった自治体、双葉郡の自治体は8町村すべてですけれども、自治体ごと、役場ごと、避難をしています。たとえば、川内村が全村帰還宣言しても、広野町が呼びかけても、広野町では5800人のうち250人しか帰られていないという実態です。南相馬市は、不幸にしてか幸いにしてか、政府から連絡が来なかったために、私としては残っている1万人弱の住民を支えなくてはいけないという使命もあったので、役所は避難させない、と職員たちに指示をして、役所をとどめてきました。その結果として、早い企業であれば、3月22日から、南相馬市に戻って再開したいという訴えがありました。徐々にそういう動きが強まっている3月25日に、枝野官房長官が、自主避難を支援するという宣言を出しました。各自治体で避難計画を作りなさいという指示も出されたのですが、一方で現実には帰ろうとする人たちまで出てきている最中に、避難を支援するというのは現場感覚と違っていませんかと、たまたま携帯電話がつながったので、直接本人に話しました。現場感覚がないと、政府のせっかくの措置も意図とは違ったものになるのではないですか、と。

みなさんから見れば、帰還し始めている人たちに対して支援することが、放射能の恐怖とどう結びつくのかという疑問を持つ方もいるかと思いますが、事業者は、クビがかかっているわけです。会社がつぶれるかもしれない、生産をしないと従業員を支えられないという状況に追い込まれていたわけです。今のように賠償の交渉だとかそういうことはまったくテーブルにはなくて、自分で会社を支えていかなければならない。その中には、たとえば自動車産業を支えている会社もあれば、H2ロケットの内部の部品を作っている会社もあるわけで、そういう会社の生産が滞ることで、たとえばIHIが私のところに再開要請に来るとか、どういう関連があるのかわかりませんが、作っている会社そのものが材料として納めていたのが、H2ロケットの材料だった、というようなことで、納め先がわからない会社で生産されたものが滞ったがために、ロケットの生産も滞るというような状況になっていたのも事実なので、現場感覚がいちばん大切なのですよ、と枝野さんに申し上げました。屋内退避の中で、操業は自粛というか事実上閉鎖なのですが、私は黙認をして操業させていました。支援物資を配りながら、ガソリンを配りながら。ガソリンをわれわれが郡山市から調達すると同時に、だんだん郡山市までも届かなくなって、宇都宮市までわれわれが取りに行かなければいけないという状況にも追い込まれていたのです。

こういう状況の中で、われわれのところにいた記者クラブはいつの間にか立ち去って行きました。

再生可能エネルギーへのシフト

NHKをはじめマスコミ各社が南相馬市には入って来なくなり、共同通信社のある記者は、30キロ圏外に出てくれれば取材します、と言っていましたが、その後マスコミが南相馬市に入ってくるようになったのは6月下旬以降です。とりわけ7月に南相馬市の牛肉からセシウムが検出されたということで一面に出ました。あのときマスコミが30社以上農家のところに来て、農家叩きに入るわけです。われわれのところにも来ましたけれども、農家に対する指導はどうなっているのかというようなことでした。

あのときは、3月24日に私がYouTubeで世界に発信したように、彼らの姿を後ろから撮ってあげて世界に発信してあげたいなと思っていました。日本のマスコミのみじめさというか。こういうことを私が申し上げると、たぶんまたマスコミ関係者は怒ったりするのかもしれませんが、事実として、自分たちは逃げて行って、実際、被災後の警戒区域を含めた原発周辺の現場を見た人はほとんどいないのではないでしょうか。あのときマスコミはまったく入りませんでした。入ったのはフリーランスだけでしたので、個人のカメラマンとかは入って行きましたけれども、私がYouTubeで発信したあと海外のメディアは毎日私のところに来ていました。カメラを抱えて、3人くらいのクルーで、多いときには1日5社。ヨーロッパからアメリカから、南アフリカから、サウジアラビアから、アジア各国からのメディアが私のところに来ていました。それなのになぜか日本のマスコミはカメラをもって入らないという現実がありました。

こういう現実の中で、今、南相馬市は4万3千人まで戻ることができています。というのは、さきほど言いましたように、役所機能をしっかり置いて支援をしていたということと、除染は国の方針以前に学校再開に向けて実施し、緊急時避難準備区域が解除されたら学校を再開しようと思っておりましたので、9月30日に解除される前に、30キロ圏内の学校の除染を終えて、子どもたちが戻れる環境を作ろうということで取り組んでまいりました。震災以前には6000人いた小中学生は、今、3000人超に戻っていますが、緊急時避難準備区域が解除されて以降は約1000人しか戻っていません。ただ、1000人の子どもが戻るということは、親も含めて戻るということなので、さきほどの川内村や広野町に比べれば桁が違うわけです。

今、この原発事故を受けて南相馬市は新たなビジネスに踏み込もうと思っております。脱原発を宣言しました。6月の東京電力の脱原発の提案のときにも私は賛成をしましたし、その後の電源立地交付金の申請もしませんでした。南相馬市は、大変大きな被害を受け、市民一人ひとりの運命が大きく変えられたので、もう原発には依存しないという思いです。そのために新しいエネルギー政策としての自然エネルギー、再生可能エネルギーにわれわれはシフトしていこうと考えています。今までであれば、供給地と需要地という対立構造であったと思いますけれども、われわれは自ら発電して売電してもいいじゃないか、そういうところにシフトしていこうと思っています。ご存じのとおり、われわれは農業、とくに米は全地域で作付け制限を受けています。風評被害がある中で、農水省を中心に、農地を再生し、大型農場に変えて競争していける農業にしていこうというような提言をしていますけれども、本当にそんなことが今可能だと、みなさん思いますか？

私は長年農業をやってきて、1リッターで10円も儲からない酪農を長くやってきたので、どれほど農業が大変かというのは身にしみて感じています。それが、売り先が明確でないのに、また売り先から戻されるような状況の中で、本当に福島の米が売れると思いますか。そういう状況からすれば、風評被害とは関係のない産業にシフトをして、少しでも農家も含めて、利益が出るならばそういう方向に積極的に動いていこうと考えております。警戒区域内の家畜は、放置され餓死していきましたが、私は、これは虐殺だと思っております。1頭でも救いたいという思いで、何箇所かは生かしていますけれども、ただ生かして研究材料にしているだけです。本当に悔しい思いで農水省ともやりとりや喧嘩をしてきましたけれども、霞ヶ関のみなさんは、現場感覚を持っていない人が非常に多いので、警戒区域に入る際にも、私が許可権者なのに、農水省に入っていいですかとお伺いをたてて、入るか入らないか迷っているというような現実がありますから、岡田幹事長を入れたのはそういうことです。岡田幹事長が入るのであれば官僚たちは入らざるを得ないわけです。やっぱり日本の政治を変えるのは現場からだと常に思っています。現場感覚のない人たちがデスクワークで政策を書くことは現実的ではないと考えています。

最後に、瓦礫処理の問題ですが、私は燃やすことをまったく考えておりません。瓦礫という言葉さえも好きではありません。災害によって多くの家屋が壊されました。命もなくなりました。私たちはそれを、防潮堤に、防潮林に、使っていこうと思って提案をしていて、ようやく10ヶ月たって、重い腰が上がりつつあるのかなぁと細野大臣の発言を聞いて思います。私は直接、本人に電話で何度も、災害の廃棄物を資源として盛土材に使いたい、防潮堤の材料に使いたいということを申し上げてきましたが、ここにきてようやく、宮城県では、使ってもいいですよという発言が出てきたので、この前も細野大臣に電話をして、福島で使わなければ意味がないと申し上げてまいりましたけれども、これも命を引き継いでいくためには、特に植林をして新たな生命を受け継いでいきたいという思いでございます。

とりとめのない発言になりましたけれども、時間ですので、みなさんの質疑を受けながら、お答えをしていきたいと思います。ありがとうございました。

2

命を脅かす原発とわれわれは共存できない

被曝した大地と農産物：全面賠償と除染を求め直接行動

福島県農民運動連合会 事務局長
根本 敬

みなさんこんにちは。こういった話をする機会を与えていただいたことに感謝します。福島県の農家でつくる「福島県農民連」の事務局長として活動していることについてはご紹介くださいましたので、さっそく本題に入りたいと思います。いただいたテーマと、私が考えているところと、若干違和感があるということも含めて、お話をしたいと思います。

避難所で炊き出し中に水素爆発

いま、桜井市長からお話がありましたが、私は3月12日に南相馬市の小高区にある浮舟文化会館におりました。水素爆発は3時過ぎですかね、そのときに私どもは、浮舟文化会館に200名くらいいらっしゃった被災者の方たちに炊き出しをしていました。テレビに映るんですよ、ドーンと水素爆発した様子が。でもそこの住民の方たちは、平然と見てらっしゃる。高齢者の方が多かったです。一緒に行った若いスタッフは、パニックでしたね。

それで200人くらいの炊き出しをしていたのですが、カップが足りなくなるんです。紙コップしかなくなるんですよ。カップを変えたら、前の人は大きいカップなのに、自分は小さいカップということで、暴動が起こるんじゃないかという感じでした。でも、なにもおっしゃらないんですよ。ありがとうございますと言って、いただいてくださる。大きな災害に遭われた方がここにいらっしゃるかどうかわかりませんが、ああいうことに遭ったときの人間というのは、声が出ないんですね。なにをしていいかわからないんですよ。そんなときにテレビから聞こえてきて苛立ちを覚えたのが、ACジャパン（公共広告機構）の「頑張れ日本」というコマーシャルです。頑張れないのにこれってなに、という思いがしたのが、3月12日の浮舟文化会館でした。

われわれスタッフは3、4人いましたけど、服部君という県北農民連の事務局長は、自分の家に入れてもらえませんでした。おとうさんが「被曝者は中に入れるわけにはいかない」と言って。彼には妹さんがいて小さいお子さんもいるので、入れなかった。ホテルで一晩過ごす羽目になりましたが、彼はそのあともずっと支援活動を続けています。3月15日の福島市内は、20マイクロシーベルトから30マイクロシーベルトくらい。そのとき断水があったので、福島市民は、子どもも含めて野外で水をもらうために待っていたのです。線量がそれくらいあることは、伝えられていない。でも私たちは測ってわかったのです。ちょうど琉球大学の矢ヶ崎克馬先生がおいでになり、ガイガーカウンターを2台お持ちになった。それでとにかく測ろうということになったのです。それで、私たちの支援も止まりました。毎日のように高校などの体育館に行って支援活動やったのですが、その数字を聞いただけで、まずいな、大丈夫かな、ということになりました。とくに女性を中心に若い世代はそうでした。

そのときに、たまたま福島県医療生協わたり病院に斎藤紀先生という、広島で原爆の治療をなさった先生がいらっしゃったんです。斎藤先生のお話を聞いて、いろいろ難しい科学的な話があったのですが、私は2点だけ覚えています。それを支えに生きているわけですが、いまから半世紀以上も前に、私たちが受けている線量よりも何千倍、何万倍という外部被曝を受けた方たちで、広島・長崎で生き抜いている方がたくさんいらっしゃいます、と。たしかにいま福島の線量は厳しいかもしれない。でも、誰も支援しなかったら、みんな避難して逃げて行ってしまったら、ここはどうなるんですか、と。だから、支援できる方はがんばってください、というお話を伺いました。もうひとつ言われたのは、内部被曝を含めて、この低線量という問題についての科学的な知見はいろいろ分かれているけれども、早期発見して早期治療すれば、いまの医学で、私は医者として治します、治せます、ということでした。だから、私はそのとき思いました。よし、被曝者になってやる、被曝手帳もらうぞ、と(笑)。治療を受けるぞ、と。

置き去りにされる福島

本当に自分がそう覚悟しないかぎり支援はできません。さきほどの桜井さんのお話を聞いて、国の対応や行政についても思ったのですけど、あなたたちは人間としての生きる権利がある、行政はそれに最大限の力を出しますよ、というメッセージは一言も聞いたことがない。いろんな省庁交渉をやっても、それが聞こえてこないんですよ、日本という国は。さきほどもお話がありましたが、まだ協議中とか、まだ結論が出ていませんとか。前提は、いま私たちは被災しているんだから、これだけひどい状況に遭っているんだから、なにか手だてをとります、と言うのが、きちっとした行政の責任じゃないかと思います。

そのときに私が抱いた思いというのは、さきほど紹介がありました4・26（東京電力への抗議・賠償請求行動）につながっていくことになりますけれども、本当に下世話な言い方で恐縮なんですが、「仕返ししてやりたい」ということでした。残念ですけど、福島に住んでいて、やっぱり、われわれも安全神話に囚われていたのです。よもや、ドーンと水素爆発して、水を入れるしかなかったとは思いませんでしたね。原発を54基も作る国だから、どんなことになっても、なんらかの措置をとれる技術的な方策はあるはずだと思っていた。ところが水の注入しかなかった。「ただちに影響はない」と言われても、「それってなに？」という感じです。原子力のいろんな専門家たちが言われることを信じられなくなりました。私たちはなにを信じたらいいのか。それで沸々とわき上がってきたのが、「仕返ししてやる」、責任をとらせてやる、という思いでした。

いま、その「仕返し」ではないですが、最近思っているのは、やっぱり責任のとり方ですね。誰も責任をとっていないんですよね。桜井市長が地団駄を踏むような忸怩たる思いがあると言われるのもそうです、本当に思うのは、「責任者出てこい」なんですよ、交渉するときに。誰も責任をとっていない。

東電も国も。さきほど風化の話もありましたが、福島だけ置き去りにされて、沖縄の普天間と同じです。あそこだけが大変なところなのだ、みたいな話にされかねない。そうさせないためには、やはりその責任問題の追及ですよね。この原発事故を起こした、ずっと歴代から遡って、その責任問題を問わなくては。

明日、ミランダ・シュラーズさんがお話をされるでしょうが、ドイツ政府のエネルギー問題の倫理委員会が10年以内にすべての原発を閉鎖することを政府に勧告しました。最近思っているのは、もう電力とか自然環境とかいうレベルの問題じゃない、倫理の問題だということです。倫理的な理由にもとづいて原発から撤退を勧告したドイツの委員会はすごいなと感じています。

日本は、あの第2次世界大戦の責任もきちっと突き止められなかったわけです。1億総懺悔で終わっちゃった。いま、そうなりかねないですね。最近出た『いまこそ私は原発に反対します』(平凡社、2012年3月)という日本ペンクラブの本を読んでも、本当にそう思うんです。私たちの力が足りなかった。知識人の方々はわかっていたのですよ。でも、恥じ入っているだけではなく、責任をとらせましょうよ。そのことを私たちはもっと声高に言っていいんじゃないかと思います。

最近、『経済』という雑誌で、哲学者の山科三郎さんが、国民法廷を作るべきだと述べていました。どうやって作るのか、ぜひ専門家のみなさんにもご協力いただきたい(笑)。やっぱり、裁きたいですよね、原発の責任を。いま、民間の事故調査委員会とかあります。でも、事故調査が目的で、裁くわけではないでしょう。事故を起こしたら責任を問われていいはずじゃないですか。さきほどの、「仕返ししてやりたい」という話じゃないけれども、裁かれるべき人たちを、正当な方法で裁きたいですよ。そうしないと、私たちは次に進めないと思いませんか。いまがどういう時期かというと、原発が54基あって2基（2012年3月25日時点では、北海道電力泊3号機と東京電力柏崎刈羽6号機）しか動いてないんですよ。

この間、私はドイツとスイスに呼ばれて行ってきましたが、実に多くの方々から質問されました。「日本の電力は大丈夫なのか、54基あって2基しか動いていなくて、電力は間に合っているのか」という質問が、どなたからも出る。学生からも出る。スイスの職業学校で、学生の質問で良かったのが、「なんで東電はつぶれないんですか」という質問でした（笑）。日本の学生がそういう質問をするかどうかわかりませんが、やっぱり事の本質を見ているというかな、そう思うところがあります。

原発再稼働でもうひとつ許せないのが、いろいろ決めてきたのは、原子力安全・保安院、「不安」院（笑）と、斑目さんが委員長の原子力安全委員会です。「不安」院と「でたらめ」さんがやるわけですが、それはないでしょう、と言いたい。4月以降に規制庁ができるのなら、待っていてもいいじゃないですか。新しい体制で再稼働を決めていくならいいですよ。いままでの事故を起こしてなんの責任もとらない人から、はい再稼働ですと言われても、納得できません。私たち福島は犠牲になっているのに、いまの原発事故に対して、これからの原発の未来に対して、なにも発言する権利を持たされていないんです。

この間いろいろなところに呼ばれてお話ししているわけですが、私がいまいちばん感じていることは、やっぱり孤立感なんです。福島は置き去りになっているということです。その場に行けばみなさん熱心に話を聞いてくださる。しかし東京とかで、電車に乗ったりして人たちの日常の話を聞くと、いままでと変わらないような暮らしをしていていいの、もっと電気の話をしてよ（笑）、と言いたくなります。もっと真剣に日本の将来とかエネルギーのあり方の話がされていいよね、それがない、というのがいま私の思っていることです。それだけに、福島は置き去りにされかねないという孤立感があります。

市民レベルの調査の広がりと汚染検出器

それでいまこうなっていますという話をするときに、私がいちばん言いたいのは、福島県には現在ちゃんとした汚染マップはないということです。福島県や近隣や全国もそうですが、どのように汚染されたかという細かいマップがない。いま、福島大学の小山良太先生らがだいたい100メートルメッシュでの測定をやっていますけど、文科省が作っているのは、区間でいえばだいたい2キロメッシュなのです。ところが、放射性物質セシウムというのは均等に降らないんですね。ホットスポットというのがあって、NHKがネットワークで地図を作ったりしていましたが、ほんとにまだらなんですよ。だから、もっとメッシュの細かいマップをなんで作れないのですかと、いろいろなところで聞くんですが、答えが返ってこない。日本の科学技術を集めたら、出来ていいはずなんです。たぶんこれは私の穿った見方かもしれないけど、本当に測ったら特定避難勧奨地点がいっぱいできて大変だからとしか思えないですよね。本当はどれくらい汚染されているのかということを私たち市民が客観的に知らなければ、動けないと思うんです。

除染と言われていますけど、ちゃんと測っていなくてなんで除染するんですか、ビフォー・アフターがわからないじゃないですか。今度は、地点だけじゃなくて、大波地区とか福島でいろいろやられていますけども（一定区域全体を面的に除染する「面的除染」）、生活環境が除染の前と後でどれだけ良くなったかと。家だけ調べられても困るんだよね。人間はずっと家の中だけに住んでいるわけじゃないですから。その地域、生活環境全体が、どういう手だてを講ずれば住み続けられるようになるかという視点からやってほしい。

私たちにはお金がないのですが、市民レベルでの調査の広がりというのはすごく大きい。シンチレーション検出器などを農民連でカンパをいただいて採り入れました。また、ドイツのルター教会から検出器をいただいて、ベラルーシから、200万円くらいするのですけど、GPSで結んで平方メートル当たりの汚染を調べられる機器を4月に購入しました。ベラルーシはチェルノブイリの経験があるからそういう機器を持っているんでしょうが、日本にはないという話です。だって、ガンマ核種を測定するためのゲルマニウム半導体検出器なんか、しょうがなくて、フランスのアレバ社から寄贈されてるんです。笑っちゃいますけどね。みんな忸怩たる思いがあるんですけど（笑）。

私、『ニューヨーク・タイムズ』の記者に、どうして放射能測定器がないのですかと、揶揄するように聞かれましたよ。広島・長崎・ビキニ、これだけ放射能に痛めつけられた日本が、測る器機もないの、と。これはやっぱり悲しかったですね。

汚染を測るということでは、国はあてにならない。いまの政治の劣化はみなさんお感じになっていると思いますけど、これほど政治とか国とかがあてにならないものか(笑)、いったいなんのために、誰を守るために政府があるんだろうと、そういう思いをさせられてます。いつ終わるかわからない災害なのに、東電の福島第1、第2原子力発電所事故による原子力損害の範囲の判定等に関する今度の紛争審査会の、中間指針の二次追補では、営業損害の「終期」という言葉が使われています。こういう人たちは、補償は早く終わりにしたいんです。だから終期をどこで考えるかという文章がずっと出てくるわけです。実際はいつ終わるかわからないわけですよ、これから何十年と。でも、紛争審査会の場合はずっと、終期を、どこまでを終わりとするかということを議論している。これは本当にもうびっくりですね。

汚染地域でどうやって生き抜くか

あと、具体的な例で、お米の話をします。500ベクレル以上、これが作付け制限の基準です。100ベクレルから500ベクレル、今度4月から食品の基準が100ベクレルに下がります。この時点のところで、福島県は、われわれ農民連もそうだったのですけど、作らしてくれという要求をしました。そうしたら来ましたね、農水省は。100ベクレルから500ベクレルのところは、基本的には作付け制限ですが、みなさんの熱いご要望にお応えして、作ってもいいという道を開きました、と言うんですよ。やられたわけです。逆手にとられたんです。国は作るなと言っている、でもみなさん生産者が作りたいと言うなら作らしてやるから、でもちゃんと自分でやりなさい、ということです。えー、農家に責任あるの。100から500ベクレル（で作付けする場合）は、農家の責任、生産者側の責任になるんですよ。ちゃんと全袋調査して、全筆調査して、計画をきちっと6月までに出さないとダメだ、みたいなことになって。それって、国のやることですか。

われわれは農水省にずっと言っているのです。ほんとに原点から議論したい。私たちがこんな目に遭っているのはなぜか。そこから議論していただかないと。国は作ってもいいから、あなたたちで一生懸命がんばりなさい、そしてセシウムの出ないお米を作ってちゃんと供給しなさいと言うんですよ。さきほど桜井さんが現実の話をしましたけど、いつの間にかわれわれ農家が加害者にされかねないんですよ。作るなと言ったのにあんたたちが作ったから出ちゃったでしょ、それを消費者に食べさせちゃったでしょ、みたいな。本当に腹立たしい話になっているわけです。何度言っても、農水省の対応はほとんど変わりません。

私は二本松市ですが、二本松では作付け面積はいまだいたい2200ヘクタールあります。今度の作付け制限地域は約1400ヘクタールです。筆数というか、1枚1枚田んぼを数えるとだいたい1万区画以上になります。誰がどんな作付けをして、誰がどんな作業をしたかを、克明に調べて、最後に収穫したときに全袋調べないといけない。それがいま、お米を載せると数秒で100ベクレル以下かどうか測れる、検出限界が40ベクレルくらいですが、島津製作所が作った装置があって、1日に2000袋測れるんだそうですけど、これで単純に考えると、二本松市でさっき計算したら、112日かかるんですね。それまで待っていなきゃいけないんですよ、全袋検査終わるまでは出荷制限が解除できませんから。飯米までですからね。いま、米を作っている農家の平均年齢は65歳以上ですから、70歳くらいのおじいちゃんが自分の食べる米を持って行って、大丈夫でしたよっていうことになって、そのあとまた持って帰らなきゃいけない。みなさん30キロの米袋持ったことありますか。まああこの年齢層からするときついですね、30キロの米を持ち上げるというのは（笑）。でも、全部やるんですよ。それをやらないとダメだから。

全袋検査をやっても、どの水田からとれた米かはわからないんですよ。そうですよね、混ざっちゃうわけだから。作らしてくれという私たちの要求は、全筆ごとに、最初にどれくらいの土壌汚染度があって、それで米を作ったときにどうなったかということを、試験研究田として、汚染地域全部でやってくれ、ということです。それが、国が責任を持つということでしょう。消費者に米を食べてもらうことではない。だって、みなさん食べますか、汚染地域の米を買ってくれと言われて。気持ち的に買いたいと思うのはわかりますけど（笑）、だけどやっぱり無理ですよ。生産者のわれわれでさえそうなんです。だからそういうときに、食べて応援しようとか、買って支えようとか言ってほしくない。別ですよ、これは。安全なものを食べればいい。「私は年寄りだから食べていいよ」という言い方もありますが、それ違いますよ。子どもだろうが大人だろうが安全なものを食べたほうがいいに決まってる。それは責任を曖昧にすることです。日本人は安全なものを食べるということじゃないと。

カドミウム米というのは国が全量管理することになっているんですよ。汚染された米は、国と東電が隔離して、食べ物ではない方法で活用することだって、あとは国が責任を持ってやってほしい。それが筋としてはやっぱり当たり前の話じゃないかと思う。それをやらない。農水省からは、あなた方、安全なものを作ってね、と言われる。なんで、自分の責任でもないことをやらなきゃいけないのかというのが、いまの苛立ちでもあります。

それで、汚染地域でどうやって生き抜くかということですけど、いま生活環境とか農地が言われていますけど、放射性物質って、この森林を含め生態系そのものへの脅威がある。だから、部分的に生活空間は除染しなければいけないと思いますが、「除染」という言葉は私はやめたほうがいいと思う。取り除けないんですよ、放射性物質は。散らすか集めるか、どこかに固めておくかしかない。これとどういうふうにわれわれ人間が対処して生きていくかと、そういう問題だろうと思います。COP10で「里山イニシアチブ」というのがある。環境問題で日本語が世界語として通用できる「里山」という言葉がある。日本の優れた循環型の地域の暮らしが、セシウムが入ることでいま、すべて厳しい条件に立たされている。だから、そんなに生やさしくありませんよ、と。さきほど桜井市長が言ったように、私たち農業というのは食べ物を作るだけではない。ドイツ・スイスを見てきましたけど、ドイツの農家の農業収入の4割は売電収入ですから。桜井市長はメガソーラーを考えている。まあ私はメガソーラーはクエスチョンなんですけど、まああの地域だからそれも仕方ないというのもありますが、もっと市民レベルでやっていく必要がある。ドイツの自然エネルギーの出資者の4割は市民で、11パーセントは農民ですから。ファンドとか大企業というのは、10数パーセントしかないんですね。

さきほど人権や損害賠償の話が長くなってしまいましたが、「闘う」ということは、私も言葉としてはあまり好きではなかったのです。違和感があるんですね。最近、東電やなんかと交渉する中で腹に落ちたのは、「闘う」というのは、命とか、自分の大事なものを「守る」ということです。闘わないと守れないんですよ。東電は「これだけの資料揃えないと補償は出さない」、「あなたたちは自分で勝手にお米作りなさい」という。私は出せといわれても損害額は出しません。必要とされる書類だけを出して、東電が計算しなさいと、あなたが全部損害額を計算してください、と言っています。だから、東電の様式は一切使っていません。自分たちのやり方で出している。それがいま、農家の中で大きな力になっているかなと思っています。

「償え」だけでは未来は見えない

こういうことを言うと誤解をまねきかねませんが、「賠償しろ」というのはわれわれ生産者の思いですけれども、「償え」と言うのはもう疲れたのです。過去のことというか、自分に責任のないことでこれだけ危害を加えられたので、払ってくださいと、余計な仕事をするわけです。それも、ちゃんと貰えるか貰えないかわからない仕事を、ずっとするわけです。去年8月31日に桃の農家が東電と交渉しました。4時間以上です。東電の責任者からの回答を直接聞きたいと言ったら、東電の広瀬常務から私に直接電話がきて、「実態の把握がまだ十分に行われていないので速やかに対処したい」という回答でした。わかっていないんです。被害の実態を。東電というのは。だって、農業のこと知っている担当者はいませんよ。1ヘクタールと1町歩の違いもわからないような人たちの前で、われわれと一緒に交渉できるわけがない。だから、もうこれじゃないな、と、もう「償え」じゃないなという思いです。

もうひとつ、補償じゃなくて政策要求だ、と私は言っている。だって、こんなふうにしたいと言う相手は、国なんですよ。損害賠償の相手は、東電ですが、最後は国です。われわれが国にどうやって迫れるかどうかということが、いま、大きいと思っています。だから、われわれが問われているわけです。どれだけ具体的に農業を復興させていける政策要求を出せるかどうかいうことが問われている。

最後に、さきほどもお話がありましたけども、私たちがいま闘うベースにしているのは、原発は命と共存できない、いちばん危険にさらされているのは、母親であり、子どもであり、われわれ農民なんです。共通するのはなにかというと、命を育むものなんです。命を育むものがいちばん危機にさらされているわけなんです。だから、これは本当に、ぜひ、日本で脱原発を決める文書にドイツの倫理委員会のように前文に書いてほしいと思います。「命を脅かすものとわれわれは共存できない」と。そのためにも闘いと運動を続けていきたいと思っております。

ひとつショックなのは、いろんなところで子どもたちのアンケートがあります。原発は仕方ないという子どもたちが福島県で半分いる。この前の『民友新聞』に出ていて、福島の子どもたちの半分が仕方がないと思っていることに驚きました。教育がきちっとされていないんです。だって、福島県の教育委員会は、原発に対してニュートラルな立場で子どもたちに教えなさいと言っている。賛成でも反対でもないという、それはないでしょう。だから、みなさま方のなかには教鞭をとっている方もいらっしゃるかと思いますが、さきほど子どもたちやお母さんのことを言いましたが、もう少し、教育が立ち直らなければ、この福島にも未来はないなと思っているところです。

ご静聴ありがとうございました。

3

立ち上がった新しい市民運動

8・15世界同時フェスティバルFUKUSHIMAに全国から1万3千人、ネット同時発信に全世界から25万人参加

プロジェクトFUKUSHIMA実行委員会代表
ミュージシャン
大友良英

大友です。シンポジウムは、音楽以外のものに出るのは初めてで、そもそもこういう蛍光灯の下でステージに立つということは非常に珍しく、ましてやここまで僕より年齢の高い人たちの前に立つのはおそらく初めてです。ステージで緊張するということはないんですけど、いまは緊張しています。

福島で育って東京へ

さきほど、文化庁から賞（第62回芸術選奨 文部科学大臣賞「芸術振興部門」）をもらった話が出ましたが、これは実はすごく気持ちが複雑で、僕はおしゃべりなのでふつうはメッセージを出すんですが、まだメッセージを出せていません。なぜかと言うと、賞状を渡してくれるのが文科省の大臣でして、昨年の福島での様々な出来事を考えると、素直に喜べる相手ではないですから。もうひとつはプロジェクトFUKUSHIMA！での活動が評価されての受賞だったら私個人ではなく、活動したみんなに出すべきだと思ったんで、そこも複雑な気持の原因です。僕の個人の活

動に対しての賞だったら何も迷わずにありがたく賞金をいただく……というだけなんですが、やはりみんなでやってる活動で、そこが評価されたわけですから、市民型とおっしゃってくださって嬉しいなと思う反面、めんどくさいことに手を出したな、自分の一存では決められないようなポジションに来ちゃったな、というのが正直な感想です。

これまではアートとか音楽とか、自分ひとりで決められることをずっとやっていたんですが、こうして自分の活動が社会化していくってのは、なんというか、たとえるなら、今更ですが成人式を迎えたような気持ちです。社会的責任を感じます。政治家のみなさんがどれだけ大変なのか、ほんの1ミリくらいですけどわかりました。

受賞の発表があったあとは、ネット上で叩かれまくるわけです。文部科学大臣からもらうのかとか、国の軍門に下るのかとか。そんな大げさなもんじゃないだろうと思うんですけど。賞をもらったら軍門に下りますか。ばかばかしいというか、所詮ネットでの批判てのは野球の野次なみに無責任なものですから。賞は受け取ることとしにしました。自分の責任として。文科省対福島みたいな対立の構図をつくることになんの益もないですし、なにより私個人ではなく、みんなでやった活動を文化庁が認めたってことは、国が、自分たちのやってきた間違いを暗に認めたことにもなるわけですから、これは結構なことだと思ったんです。それにしても、あんな大騒ぎしておきながら、賞金は30万円なんですよね。もちろん30万円は大きいお金ですけど、個人的には、賞をもらうこと自体に興味はないんで、まあお金が入って、昨年の赤字が少しでも埋められればって思ったんですが、全然そんな額じゃないんですね。

きょうはなんの話をしようかなあと思ったんですが、なんで市民型運動なんか、ほとんど未経験の僕がやることになり、結果的にどうなっていったかという話をしたいと思います。結果的に、と言いましたが、結果なんて出ておりません。それはみなさんがよくご存じのとおりです。放射能に関する問題の結末なんてなにも出てない。音楽やってセシウムがなくなるならいくらでもやりますけど、そんなめでたい事態は漫画じゃないので起こらない。非常に残念ながらなんの結果ももたらしてないと思っているんです。賞をもらうのは複雑な気持ちというのも、そのことがいちばん大きくて、ふつう、賞というのは結果が出たものに対して与えられるもんですが、結果はなにも出ていないので。その話をしたいと思います。その話というのは、賞じゃなくて出ていない結果の話です。

僕は福島で育ちました。小学校3年から。18歳で音楽家になりたくて東京に出て行くまでのあいだ、つまり子どもから大人になるまでのあいだ、福島だったんです。これを言うと福島の人たちから非常に怒られますが、音楽家になりたかったので、福島にいるのがいやでいやでしょうがなくて、福島に楽しい音楽のシーンがあるわけでもなく、聞いている音楽はだいたい東京経由で入ってくるわけです。もっと言えば、ニューヨークとかロンドンの音楽が東京経由で入ってくる。東京に憧れまして、いまでこそこんな見かけになっちゃいましたが、まず髪の毛を伸ばすところから始まり、ベルボトムジーンズをはいて、音楽家になろうと、一刻も早く福島を出たくて、東京に行きました。1978年のことです。両親は福島に住んでいますので、正月とか盆暮れには帰りますけど、僕の中ではほとんど縁のない場所というか、ときどき帰るだけの場所だったんです。

自分のアイデンティティを考えるときにも、福島というのは自分の中でそんなに大きな位置を占めているとはまったく思っていませんでした。そもそも人は追いつめられないとアイデンティティのことなんか考えませんし、東京に出てからは仕事の現場が東京というだけではなくて、音楽家なのでツアーが多いので、世界中を回るわけです。そうすると、けっこう楽しいんですよね。チャラチャラと人生を過ごせるわけです。出かけていって、ギャラをもらい、一晩で客がいっぱい入ったらそのギャラがぽんと入って、それでその日の晩にバーッとお金を使うわけです。もちろん、ものすごくシリアスに音楽をやってきましたよ。ただ遊び歩いていたわけじゃない。これでも世界的に評価をいただけるような、個性的な音楽をやってきたという自負はあります。でも若い頃だからわるいこともいっぱいしましたし、こんなことを言うとますます反発をかいそうですが、30代の頃とかは楽しい人生をずっと過ごしてきたんです。そうやって自分の音楽をやってきて、自分なりにとても満足して、この世界にいるともちろん日本人であるということもそんなに考えずにすむし、福島出身というのも、そもそも海外にいたら福島というのは誰も知りませんから。日本出身というのもうざったいくらいで、別にどうでもいいと思って生きてきたんです。

3・11のあと 東京から福島へ

それが大きく変わったのが3月11日でしたというとすごく格好いいですが、実はそうではなく、ちょっと前くらいから、40代に入った頃から、だんだんツアーするのがしんどくなってきたんです。腰は悪くなるし、無茶苦茶な生活を送っていますから体も悪くなり、入院するような病気も経験し……みたいな中で、移動するのではない生活をだんだん考え始めていたときに、その時点で僕は東京に20数年間住んでいたのですが、東京でなにかやることを考えだしたんです。

それでテレビや映画の音楽を多くやるようになり、それは非常に面白かったんですけど、プロフェッショナルの世界の中でプロの音楽をやっていく。これは面白いんですよ。オリンピックゲームみたいなもんです。ものすごく高いハードルがあり、ニューヨークのあいつはここまでいってる、おれはここまでいってやる、そんなオリンピックゲームみたいなものの中でずっと来たんですが、ふと、これは本当にもう偶然のきっかけなんですが、2005年かな、神戸大学の学生たちから依頼を受けたんです。知的障がいの子どもたちと音楽をやってほしい、と。

この依頼を受けたときに、うざい、めんどくさいと思ったんです。だけど、敵もさる者で、すごいかわいい女の子たちが4人がかりで、コンサート終わったあとに来るんです。「大友さん素敵でした」と言って。いま考えると、説得に来た4人のうち2人は無関係な、ただ綺麗な子を連れてきただけでした。まあミュージシャンをだますのは簡単ですよ、女の子とお金があればのりますから。それで、やりますよと受けちゃった。それから後悔の日々ですね、なんでこんなめんどくさいこと受けちゃったんだろうって。なんとか理論で言い負かして逃げようと思ったんです。2回、3回とやっていくうちに、まあやばいですね、面白いんですよ。なにが面白いって、僕は小学校のワークショップも少しやったことありますが、だいたい教育されていてつまらない音楽をやるんです。先生が良いと思うようなことをやるんです、優秀な子ほど。歌を歌うときには口を大きく開けてニコニコ歌うとか。こんなに教育されていると思って気持ち悪くてしょうがないんだけど、(音楽というのは)そんなもんじゃないだろうと僕は思ったんですけど。障がいのある子どもたちは、そんなんじゃない、よく言えば自由、わるく言えば迷惑なんですよね、社会性がないわけですから。彼らなりの社会性はあるんですが、普通の社会性がないから障がいと言われるわけで。それで付き合っていて、なんでそんなことするんだろうと思っているうちに本当に面白くなっちゃって、しかも出てくる結果の音というのが面白い。

僕は即興演奏とかノイズとか、そういう意図できない要素で生まれてくる音楽の面白さをずっと追求してきたんですけど、結局プロの人たちがやる即興演奏というのは、素晴らしい即興が出てくるだけなんです。それはそれでいいんですよ、感動するから。だけど、その子どもたちの出す即興というのは、本当に予想がつかない。僕にはいままで予想がつかない音楽家なんていなかったんです。だいたい見てればわかっちゃう、ああだ、こうだ、と。それが、本当に予想がつかない事態を前にして、面白いと思っちゃった。それだけじゃなく、1か月、2か月、3か月、1年、2年と付き合っていくと、仲良くなるんですよね。これはだめだ、やばい、もう逃げられないと思って、市民参加型というわけじゃないですが、プロじゃない人たちの音楽の面白さを覚えたのは、実はその2005年から始まった神戸大学の学生たちの活動からだったんです。そのあと、これは面白いと思って、いろんな地域で、山口だったり、ロンドンでもやりました、フランスでもやったりとか、要するに、素人というか、音楽のプロフェッショナルを目指しているんじゃない人たちと音楽を作るという活動をずっとやってきていたこの数年、別に障がいのあるなしに関係なく面白いんですよ、けっこう。そんなことをやっていて、ああ全然儲からないなと思いながらも、映画で稼いでこっちで使ってやれというようなことをやっていたうちに起きたのが、3月11日の地震でした。

地震の日は東京のスタジオでふつうにテレビの音楽を録音してたんですけど、外に出たら新宿の高層ビルが豆腐みたいなんですよ。その時点では、これも怒られそうですけど、面白いと思って笑ってたんです。豆腐だよ豆腐だよと言って。だけど、そのあとのテレビの津波とか、原発を見ていて、だんだん笑えなくなってきて。いままで福島に帰りたいなんて思ったことなかった人間が、帰りたいと思ったんですね。なんでだかわかりません。逃げたいと思っている人がいっぱいいるのに、僕は帰りたいと思って。まあ親がいるからかもしれないんですけど。でも、交通手段もなく帰れないんですよ。

それで、時間がないので端折りますけど、いろんな事情もあって、仕事があったり、ガソリンが手に入らなかったりとかで帰れなかったんですけど、これはいよいよ帰らなきゃと思ったのが4月10日です。4月10日になにがあったかというと、東京の高円寺で最初の大きな反原発のデモがあったときなんですけど、1万数千人集まりました。これはおそらくTwitter、口コミだけで集まったデモとしては、日本では近年最大だったと思うんです。これは当然翌日の新聞に大きく出るだろうと思ったんです。原発反対・推進とか別にして、口コミだけでそういう巨大なデモが起こり、それまでのデモの形式と違うものがあったら当然ニュースソースとしては大きいだろうと思ったんですけど、ほとんどニュースにならなかったんですね。

その前の時点でマスメディアが機能していないと思っていたんですが、実際自分が行った現場がそういうふうになっているのを見て、やっぱり本当に機能していないんだということを知らされた。もうひとついうと、その日、東京都知事選があったんです。僕はあまりテレビを見ないで、情報は主にネットで見ていたんですけど、ネットを見ていたら石原都知事には一票も入らないくらいの勢いだったんです。僕はここでは石原さんに賛成・反対は言いませんよ。ただ、ネット上ではそうなんです。要は、僕が見ているのはアート系のサイトとか音楽系のサイトで、そういう人たちはだいたい石原都知事が嫌いなんです。でも、都知事選の選挙結果を見て、ああ、僕が見ているメディアというのは全部を表しているんじゃないんだと、そのとき思ったんですね。選挙結果が捏造されているとはさすがに思いませんでした。

要するに、自分が見ている世界というのは、自分と似たような人たちだけで寄り集まっている世界なんです。僕らはむしろそうやって生きていたところがあって、要するに世の中めんどくさい、自分のいるアンダーグラウンドな音楽の世界で楽しく生計も成り立っていればいいじゃないかと。アリとキリギリスで言えばキリギリスみたいなもんで、僕らはアリたちに「お前なんかに飯やらないよ」と言われても仕方のないような生き方をしてきたんですけど、でもそのときに思ったのは、自分が見ていると思った世界は本当に一部だと。もうひとつ、頼りにしていいと思えるマスメディアが頼りにできないと。本当に、自分の目で見ないとなにもわからないということで、4月11日に福島に入ったのがすべてのきっかけです。

福島から世界に情報を発信する

そのときに、古い友だちとか福島に住んでいる音楽家、詩人の和合亮一さん、そういう人たちとも会って話したんですけど、これはいよいよ東京で見たり聞いたりしていた状況と全然違うと。本当にどうしていいかわからない。人間が集団で絶望しているという状態を初めて見たのが、その4月のあたまの段階ですね。さっきおっしゃっていたように、3月の段階で20マイクロシーベルトパーアワー、4月のあたまの段階でもたぶんかなり高かったと思うんですけど、僕はその意味がわからないんですよ。10マイクロって言われても意味がわからない、それ以前にマイクロシーベルトパーアワーという言語すら知らなかったんです。ネットを見るとミュージシャンたちが大騒ぎしているわけです。すぐに避難しろ、危ない、と。だけど、僕はそれもわからなかったんです。この人たちマイクロシーベルトなんて知らなかったじゃん、なんでこんな大騒ぎができるんだろう、と(笑)。いや、もちろん大騒ぎする必要はあって、それで避難できた人もいるわけですから、それをバカにしてるんじゃなく、僕には、それまでなにも知らなかった人たちがなんでそんな確信をもって放射能のことをいえるのかがわからなかったということなんです。ミュージシャンもアーティストもみんなおっちょこちょいで言葉だけは立ちますから、本を1冊読んだだけでデリダのことが語れるくらいになるような、だいたいハッタリをかますのがアーティストやミュージシャンですから、信用しちゃいけませんよ、俺も含めてですけど。たいして本なんか読み込んでないのに、構造学とか言ったりするんですよ、ああいう人たちは。だから学者先生から見たら、本当にバカじゃないかお前らと言われるだろうけど、バカなんです。ただただ、音楽をやる能力があって、人前で人を惹きつける能力があった人だけがいるんですけど。

だけど、その人たちにも役目があると僕は思っていて、もともとミュージシャンたちはメディアだったんですよね、古来。こっちの情報をあっちに伝えるという。そのメディアとしての役目は、ミュージシャンはおそらくビートルズ以降ほぼ果たしていないと思ってるんです。ビートルズは間違いなくメディアだったと思います。ここにいらっしゃるみなさんはきっとビートルズ世代の方が多いと思うんですけど、微妙に髪を長めにセッティングしている方がいまでも多いのはその名残かなあと(笑)。そういうことだと思うんです、音楽が素晴らしいどうこうではなくて、どう生きていくかとか、この世の中なんなのかと解釈をしていくのが僕らの役目で、その解釈は学問のようにA+B=C、だからこうしなさいっていうのではなく、みんなで踊りながら、グルーブ（高揚感を表す音楽用語）しながらやっていけるような、でも実はけっこう世の中を動かす要素もあって、ベトナムの反戦運動なんかも僕はそうだったと思うんですよ。音楽家の活動なくして、ああいうふうにはならなかったと思う、表面上はね。裏側では、ベトナム戦争の終結はそういう理由ではないという研究が出ていますけど、一般庶民のレベルではそんなレベルだったと思うんです。カナリアのように直感的に感じ取って、科学的根拠どうこうではなく、指針を示すという役目はアーティストにはあると思うんです。

そんなわけで、なにかしなきゃいけないと。そのときはそんな冷静に考えたわけではなく、本当に目の前で人が困っているので、「大丈夫だから！」と言いたかっただけなんです。大丈夫という根拠があったんじゃなく、俺は寄り添うよってサインとして言ったというか、それは究極は俺も一緒に死ぬからって意味でもあったと思います。ちょうどその頃、ドイツとかの原発デモで「ノーモア・フクシマ」と書いてあって、これには僕は微妙に傷ついたんです。そのとき初めて、自分に福島というアイデンティティがあるんだと思ったんですけど。もちろん「ノーモア・フクシマ」の意味は、「福島のような原発事故を2度と起こすな」なんですけど、ただ「ノーモア・フクシマ」と言われちゃうと、福島というアイデンティティが傷つくんだなと、僕ですら思う。その状態のもっと極端な状態がここに住んでいる人たちであると。「大丈夫だから！」と言う論法として思いついたのが、これは本当に恥ずかしい苦し紛れですが、「福島」という名前はめちゃくちゃ有名になった。いままで、福島で育ったと言っても海外ではその地名は誰も知らず、東京から250キロ北の町で育ちましたとしか言えなかったのに、いま「福島」というと全世界の人が知っている。ただし、非常に不名誉な名前である。こんなの、広告代理店の人だったらみんな利用しているから、「福島」という名前をポジティブに転換していこうよ、となって。こんなの何十年もかかりますよ、別に福島で音楽をやったからと言って福島がポジティブな場所に輝くわけではないけど、そういう未来図を作っていくことを宣言しませんか？という話をしました。音楽家とかアーティストにできるのはそういう未来図を出していくことくらいなんじゃないの、という。

でも、これは本当に苦し紛れです。目の前で倒れている人に「傷、大丈夫だから、治るから！」と言うような気持ちで言い出しちゃったんですけど、おっちょこちょいですから言ったら止まらなくなって、4月28日に東京芸大で講演してUstream（ユーストリーム。インターネット上の動画配信サービス）に載せたら、何万人もの人がそのUstreamを見てるんです。なぜかというと、僕がそんなに人気があるわけではなく、その時点でミュージシャンからのメッセージはおそらくほとんど出ていなかった。反原発ソングを歌ったりというメッセージはあったんですけども、言葉にしてなにをするというメッセージはほぼなく、大部分は、原発事故がひどい、もう福島には住めない、避難しろというメッセージが主にアーティストから出ていた。だけどそれは説得力がないと僕が思ったのは、ちゃんとした資料に基づいて言っているわけではなく、メッセージを出しているのは住んでいる人たちでもないわけです。なので、僕は住んでいたわけではないけど、とりあえず福島に帰ってきて、状況報告という形でしたんですけど、そのときすごく多くの人が見てくれました。僕は、文化の役目というのは、津波でおぼれている人は助けられない、セシウムは片付けられない、でもそんな中で生きていくための未来図を描くことなんじゃないの、というような話をして、「プロジェクトFUKUSHIMA!」を起ち上げて、まず福島から情報を発信したいと言ったんです。

というのは、福島でなにが起こっているかという情報は、その頃東京のメディアを通してしか発表されてなくて、そのメディアを信用できないと僕は思ったので、とにかく福島から情報を出さなきゃというので、Ustreamを使わせてもらいました。東京でいちばん人気のある「DOMMUNE」(ドミューン)というインターネット番組があって、これは平日毎晩やっているんですけど、すごい人数の人たちが見ています。ほとんど、クラブ系の音楽とトーク番組という、みなさんの世代だったら「11PM」というテレビ番組を想像してもらったらいいと思うんですけど(笑)、あれもエッチなダンサーが出てきたり音楽もあるけど、けっこう真面目な討論とかもやってましたよね。それで麻雀のコーナーもあったり。そういうような番組の現代版があるんです、「DOMMUNE」という。さすがに大橋巨泉が出るわけではなく、いま普通のメディアには出てこないけど若い子たちに人気があるようなオピニオン・リーダーだったり音楽家だったり美術家だったりが出てきてそこで喋っているんです。このことひとつをとっても、マスメディアと若い子たちが接しているメディアが完全に分かれちゃっている証拠ではあるんですけど、僕はまずそのマスメディアがだめだと思ったんで「DOMMUNE」を運営してるアーティストの宇川直宏さんに相談して、「DOMMUNE」のブランチを郡山に作り、そこからガンガン発信しようという提案をすることから始めました。

音楽でフェスティバルをやろう

と同時に、これは何か問題提起しないとまずいぞ、となりました。で、フェスティバルをやってやろう、と。これはプロジェクトの共同代表でもあるパンクシンガーの遠藤ミチロウさんの強い提案から始まったものです。彼は当初は「原発なんかクソ喰らえ」というテーマのフェスをやろうって言い出したんです。でも、ミチロウさんとともに福島に行ってみて、和合さんや、福島であった人たちとも話す中で、このままでは福島そのものが無くなってしまうかもという危機感の中で、なんの情報も出てないなら自分たちで情報を出していくことで現状を打開していこうという方向に考えがどんどん変わっていきました。そのとき思ったんです。フェスティバルをやろうと言い出せば絶対に賛否両論が起こるだろうと。当然、どの程度の線量かも発表し、みなで議論しなくてはいけない。福島に人を集めていいのか、そんなところに人を呼ぶのかって議論が起こるはずで、それをしなくては先に進めないと思ったんです。被曝をさせる殺人行為じゃないかとか、絶対言われるだろうと思ったら、案の定、面白いくらい言われるんですよ。覚悟していたんですけど、すごい言葉で批判されるとさすがに傷つきますよね。でもとにかく問題提起しようと思いました。とは言え、本当に人が来てはいけないところでやるのはよくないと思って、よくよく考えてみると僕には判断能力がないんです。僕だけじゃなく、かかわってる人たちみんな、判断なんかできないんです。0・5マイクロシーベルトの場所に人を集めていいんですかと聞かれて、当時は、まったく答えられませんでした。マイクロシーベルトの意味がわかってませんから。それでこれは科学者が必要だなと。でも、ネットを見ても安全だと言う人と危険だと言う人のあいだにすごい豊かなバラエティがあって、これは科学じゃなくて芸術みたいだなと思ったんですけど（笑）。芸術ならこのバラエティはいいだろう、だけど科学ってこうなんだ、と。そのとき思ったんです、僕らの社会って科学を基本に信頼関係が成り立っている社会だったと思うんです、この何十年かは。少なくとも、僕が生きているあいだは。1センチメートルはこの長さだという大前提があるからみんな一緒に生きてきたのが、科学で割り切れないことがいま起こっているんだ、と。安全だと言う人は、政府からカネをもらっていると言われちゃう。もらってるかもしれないけど、わからない。その人の学説だったかもしれないじゃないですか。危険だと言ってる人は、反原発だとか、そういうシンプルな色分けをされちゃうけど、その時点で科学と政治がもうごっちゃになってる。このバラエティに富んだ豊かな芸術的と皮肉を言いたくなるような、低線量に関する話を見ていて、これはひどいな、と思いました。芸術なんか信頼されなくていいんですが、科学が信頼されないと、現代社会の根本が崩れるんだなということをそのとき僕は思ったんです。実際、いま起こってる問題の多くは、信頼関係がないことで起こっていて、本来なら信頼の根拠になるべき科学が、信頼しようのない状態で、僕らの前にさらけだされてる……そんな印象を当時は受けました。

一音楽家が信頼関係を回復することなんかできませんが、フェスティバルをやることで起こるいろんな問題をていねいに見ていくことで、ひとつひとつ解決していくプロセスを見せることで、なんらかの指針を示せるんじゃないかと思ったんです。そのためには科学者が必要だと思っていました。でも誰を信頼していいかがまずはわからない。そんなときです。5月15日に、「ネットワークでつくる放射能汚染地図」というNHKの番組が放送になりました。たまたま見ていたら、厚生労働省に辞表を叩きつけて福島に乗り込んだ学者がいると。もしこれがノンフィクションではなくフィクションだとしたら、完璧な「つかみ」ですよ、出だしは。うまいなこのドキュメンタリー、と。これでつかむわけですよ。何をつかむかと言うと、この人は信用できるということを聴取者に示すわけです。僕は科学的な数値で信用する能力を持っていないので、そこで信用するしかないなと思いました。ああ、この人は厚生労働省を辞めて福島に乗り込んで、なんだか知らないけどすごい線量の高いところを歩いていって、検査していると。僕がいちばん衝撃だったのは、その番組の最後、僕が育った福島市の渡利が出てくるんですよ。これがショックで、渡利だ、懐かしいと思った瞬間、「線量が高いですね」とその木村真三先生が言ってるわけです。

それを見て、初めてスタート地点に立てたと思ったんです。現状はこうなんだ、と。さっきおっしゃっていたとおり、詳細な汚染地図がいまだに出ていない。その時点では詳細どころか何も出てなくて、いったいどう考えていいかわからなかったのが、そのとき初めて、まだら状に放射能汚染は起こってるという事実を、科学的な調査とともに知らされるわけです。これは本当にショックでした。でも、事実を知ることができたということのほうが大きかった。こうやってひとつひとつ問題を解決していけばいいんだ、そう思いました。そのとき僕はNHKの仕事をしていたのを幸いに翌日にはNHKに電話し、翌週には木村先生に会って、このフェスティバルのアイデアをぶつけてみました。やれるんだろうかと。それで線量を測りに来てもらい、やってもいいでしょう、人を集められますよ、(会場の四季の里は)福島市内でも比較的低いです、0・3から0・7マイクロシーベルトのあいだです、と。ただし、福島の外から来る人に対するケアをする必要があるんじゃないですか、それがメッセージになるんじゃないですか、っていうのが木村先生のアイデアで、さあこれは良い宿題をもらったなあと。それでやったのが、風呂敷を敷くというアイデアです。

大風呂敷を広げる

そもそも僕らが言っているのが大風呂敷を広げたようなことじゃないか(笑)、だったら大風呂敷を広げたらいいんじゃないですかと、水戸に住んでいる中崎透くんという芸術家が、「大友さん大風呂敷広げてますよね」と言ってきて。でもまあそのとおりだと。

四季の里は6千平方メートルあるんですけど、じゃあここに風呂敷を敷こうということになった。結局、中崎くんや福島在住の建築家アサノコウタくんたちが中心になってこのプロジェクトは進みました。風呂敷を敷いても別に放射線量は下がりません。そんなんで下がるんならみなさん苦労はないですよね。下がらないですけど、ただ、放射性物質が風で舞い上がるのを防ぐのと同時に、靴の裏とかに放射性物質が着くのを防げますし、皮膚への直接被曝が防げる、だからやらないよりはマシというレベルです。ただ、福島から放射性物質を拡散させないぞというメッセージにはなる。芝生を刈りましたというだけじゃ映像としてメッセージにならないと思うんです。

この写真（P079）はほぼ敷き終わったところですけれども、このアイデアがなぜいいと思ったかというと、さっき言った市民参加型ということにやっとつながりますが、誰でも参加できるんです。風呂敷を提供してくれませんかというのと、風呂敷を縫い合わせてみましょうよ、と。実は、福島に来たいという人はいっぱいいるんです。福島から逃げたいという人ももちろんいるけども、津波の現状の場所に行ってボランティアしたいという人がいっぱいいたように、福島に行きたい僕らの周りにもいっぱいいます。だけどみんな心のどこかで、物見遊山のような感じで行くのはよくないんじゃないかと思って誰も来られない。来たとしても、どこでなにをしていいかわからない。だけど、みんな福島以外の人たち、九州だろうが、大阪だろうが、東京だろうがそうですけど、去年の春の段階でうずうずしているんです、なにかしたくて。音楽家たちもそうです、みんなうずうずしているんですよ。だからなかには大ボケ者もいて、音楽を聴きたくない人たちのところに行って、自分の歌を歌って迷惑がられるやつとかいっぱいいいたんです（笑）。すみません、かわいいやつだと思って勘弁してやってください。ああいうのって被災者のためにやっているんじゃないんですよ、自分のためですよ、みんな。みんな自分がおかしくなっていて、どうにかしたいと思っているんですけど、だけどその人たちのエネルギーはバカにできなくて、そのエネルギーをうまく使えばなんらかの形でできる。

それで風呂敷がすごくよい枠組みになって、北は北海道から南は九州まで、すごい量の風呂敷が贈られてきました。なかにはちゃんと縫い合わせた人もいるし、メッセージをていねいに刺繍してくれた人もいるんですけど、それを敷いたら6千平方メートルのかなりの部分カバーできて、これは3週間くらいかけて福島で縫い合わせて。それも福島の地元のおばちゃんたちです。昼は地元のおばちゃんたちが来て（その中には津波で家を流されて福島市に避難してきた人なんかもいました）、夜になると仕事が終わったサラリーマンとかOLさんが来て、夜12時過ぎになると、この辺に入れ墨のあるクラブとかでいかついことやってるやつらが来て、朝まで縫ってくれる。まるで三交代制の不法労働者のいる工場みたいなんですけど（笑）、これが面白くて……。僕の悪い癖でなんでも面白くしたがっちゃうんですけど。それで風呂敷を全部敷くというところから始めて、これはやっぱり賛否両論出ます。風呂敷なんかじゃ意味ないだろうとか、そんなことやるよりいま避難だろうとか。この賛否をちゃんと起こしたいなと思ったんです。感情的になって攻撃されても困るんですが、一緒に行動している木村先生と、「線量を測ってこうです、だから大丈夫ですよ」と言うのではなくて、「考えてください」と。僕は、福島に来る人と来ない人を踏み絵にしちゃとまずいと思ったんです。こわいと思ってる人に無理して来いと言うのは違うと思うので、そうじゃなくて、風呂敷を送ってくれるのでもいいし、福島に来れない人はどこか東京でイベントやってもいいよ、という形にして全国でやりましたけど、90か所ほど、同じ日に「同時多発フェスティバル FUKUSHIMA」というのをやりました。「同時多発」と付けただけでめちゃくちゃ叩かれるんですから（笑）。「お前はテロ用語を使うのか」と。同時多発はテロ用語じゃないだろうと思うんですけど、すごかったですよ、なかにはいわれのない、「フェスティバルの名前にプルトニウムを付けるのはいかがなものか」と。そんなの、付けてないんです（笑）。そういう批判もきましたけど、僕らはそのプロセスとか迷っている過程を全部見せたいなと思って、あえてテレビ局が来るのを拒まず全部見せることにしました。主にNHKとTBSでドキュメンタリーをやってくれたんですけど、自分たちでもYouTubeで流したり、あとはUstreamでも流したり、当日DOMMUNE FUKUSHIMA！で25万人もの人が見てくれて、それだけみんなの興味が集中したんだと思います。でもいま、レギュラーの番組をやっても千人程度しか見てない。いやこれでも十分大きな数字だと思います。でも1年たって、すでに忘却はすごい勢いで始まってるんですね。だとしたら僕らの役目としては、ケとハレがあるとしたらハレの空間を作るのが僕らの仕事ですから、そういうアクションをところどころでぽんぽん起こしつつ、忘却とどう向き合っていくかだと思うんです。

これは僕ひとりでやったんじゃなくて、さっきも言ったとおり、和合亮一さん、福島の二本松出身の遠藤ミチロウさん、彼は還暦を超えたパンクミュージシャンですけど、いまだにパンク精神旺盛で、僕に電話してきて、「今年は福島で一揆をやりませんか」と。「遠藤さん、米問屋打ちこわしてどうするんですか、一揆は鎮圧されるものです」と言ったら、「いや、気持ちは一揆なんです」と。でも遠藤ミチロウさんのこのパンクの精神があってこそで、動いたんです。あの人が8月15日じゃなきゃダメだと言ったんですよ。この意味はすごく深いと思っていて、8月15日は日本の終戦の日です。なんでこの日にしたかということを考えてほしいという意味合いもありました。それで、この3人だけじゃないです。これを実際に実現してくれたのは数十人いたんですけど、映画のプロデューサーもいました、テレビ局の人もいました、雑誌出版関係の人もいました。音楽関係者の人ももちろんたくさんいました。要するに、僕らの周りのふだん付き合ってる人たちで、福島にゆかりのある人もいれば全然関係ない人もいます。海外の人もいましたけど、有志が集まってきてこのフェスティバルをやることができました。

通常、こんな1万数千人規模のフェスティバルをやるには3、4千万円必要です。ギャラのことを考えるともうちょっと必要なんですけど、実際には1千万円ちょいで上げることができたんです。お金をどこに使ったかと言うと、福島駅からのシャトルバスに100万円とか、トイレに100万円。トイレに100万円かかるんだと思いつつ、そういえば人類はトイレ抜きには生きていけないなということを切実に考えたりとか、そういうことをやってたんですけど、ミュージシャン、スタッフ、PA関係の人たち、照明、全員タダで来てくれたんですよ。交通費までタダ。さすがに旅館はもちました。旅館も、旅館の息子がメンバーにいたので、そのお母ちゃんにお願いして、被災している地域の旅館をタダで借りるというわけにはいかないので、最低限ですがお金を払って二晩貸し切らせてもらったんですけど。お金に関係なく動くというのは面白いですよね。でも市民参加型っていうのは結局そういうことで、僕らプロのミュージシャンはお金をもらわなきゃやらないですよ、普

通はね。だけど、今回みんなお金と関係なく動いて、だから東京から来てくれた有名なミュージシャンも、ニューヨークから来てくれた坂本龍一さんも、福島市から鍋を持って参加した人も、扱いは同等なんです。まあ多少、坂本さんに対しては敬語を使うということはしましたけど（笑）、俺より10歳も上ですからね。坂本さんには「坂本さん、こちらです」、鍋を持ってきた人には「おう、こっちだよ」って言うくらいの差しかなくて、同じ舞台に立ってもらいました。ただ、どうしても一般的な見方からはかなり特殊な、全員参加型のオーケストラをやったんです。オーケストラでみんな頭に思い浮かべるのはベートーベンの第九とかクラシックみたいなんですが、僕が言うオーケストラというのはそういうことではなく、多人数が一緒にアンサンブルするというオーケストラで、しかもリハー

◉写真撮影・提供は後藤宣代氏

サルは2、3時間です。楽器の演奏スキルも必要ない、鍋でもいい、うまい人がいてもいい、下手な人も参加可能、とにかくだれでもいいから音の出る物を持って集まって多人数で音楽をやる……というのを考えるのがあのときの僕の仕事で、これは画期的な発明で、これこそノーベル平和賞をもらいたいくらいです（笑）。本当に、この音（ペットボトルを鳴らす）でも参加できるし、すごい楽器を修練して芸大を出た人でも参加できる。全員の人が同じサインでできる枠組みを作りました。これが、さっき言った知的障がいの子どもたちとやった経験とか一般の人たちとやった経験が活かせたんだと思います。まあ、本当のことをいうと、俺ひとりの発明じゃなく、過去数十年、世界中の実験音楽家がいろいろ試してきた成果を流用させてもらいつつ、私流の解釈で、必要に迫られて捻り出したシステムって感じでしょうか。

みんなの心の中に橋を架ける

そんなわけで、いろんな人たちの力で、いろんな分野の専門家の力で、科学者、芸術家、それから業界関係者、ふだんだったらチャラチャラしているようなやつらまでが来て、真剣にいろいろやりました。福島ゆかりの人、関係のない人、実際に来た1万3千人のうち半分は県外、半分は県内です。思ったんですけども、活動していく中で、プロジェクトのメンバーの中にも福島県内の人と県外の人で意見がものすごい割れるんです。これは半端でないくらい割れる。意見を一緒にすることなんか無理だと思いました。だったら、割れたままでできるような枠組みを考えなきゃいけないな、と。それはいまも続いています。温度差って言い方をしますけど、温度差をなくすことなんてできないですよ。ましてや日本をひとつとか言われても、ひとつじゃないじゃん。あんな、ひとつとかいうから喧嘩が起こるんであって、ひとつじゃないと言ったらすごく楽になるよね。ひとつじゃないからまあいいか、みたいなね。半分冗談めかして言ってますが、けっこう本気です。僕らのやってる音楽というのはそもそもそうで、私個人しかやってないようなものをやってて、少しの人が聞いててOKみたいなのをやってきたわけで、それが急に、みんなにわかる音楽とか、おばあちゃんにわかる音楽をやってくださいと言われても、できないですよ。俺のはノイズですから、ギャアーとかやってるのをおばあちゃんに聞かしたいとも思わないし（笑）。だけど、おばあちゃんがびっくりして帰ってもいいと思うんです。なんじゃありゃ、と。でも「なんじゃありゃ」がいてもいいじゃないですか、というところでもともと僕は動いているので。今回のプロジェクトの中には「なんじゃありゃ」じゃない音楽家もいるんです、ポピュラーな人気を持った方もいるし、そういうまったく違う人たちが、喧嘩してもいいんですけども一緒にいられるような枠組みを作る、枠組みと同時にそれが機能しやすくするためのメディアを作っていくというのが僕のプロデューサーとしての役目だと思ってて、橋を架けるというのを今年のテーマにしようと思っているんです。これは和合さんから出たアイディアです。温度差がある、温度差のあいだに溝があるなら橋を架けて、ときどきこっち行ったりあっち行ったりすればいい。向こうとこっちで「温度差」「温度差」と言ってもしょうがないので。それで、橋を架けるのは、おっちょこちょいで楽天的な音楽家とか芸術家とかがいいだろうと僕は思ってるんですね。橋を架けるのは、実は、そういう人と人とのあいだだけじゃなくて、みなさんの心の中の橋だとも思ってるんです。

なんか綺麗事を言っているようですけども、いまいろんな分断が起こっていて、それは解決のしようのない分断もいっぱいあると思うんですけど、瓦礫問題ひとつとってもそうだと思います。どれも良い意見に聞こえるし、どれもダメな意見に聞こえるかもしれないけど、どうにか折り合いをつけていかなきゃいけないわけで、僕らは新しい考え方を作っていかないといけないと思うんです。新しい思想と言ってもいいと思う。それは、現場で練り上げられていく思想とともに、文学者でもいい、映画を作る人でもいい、音楽家でもいいです、そういう思想を背景にした音楽なり作品が生まれてくる必要があると僕は思っています。それはビートルズが生まれたときのことをみなさんが想像してもらったらいいと思います。男の人が髪を伸ばしていいんだというのは画期的だったと思うんです。それと戦争をしたくないというのが結びついているわけですから。あるいは男女が同権なんだというのと結びついていたと思うんです。あの時点ではね。いまは髪の毛を伸ばすことにそんなパワーはないですよ。そもそも俺に髪の毛を伸ばす力が減ってきているという大問題もあるんですが（笑）。

それはおいといて、二項対立で、たとえば除染か避難かみたいなシンプルな考え方でネットでぎゃあぎゃあ騒いでいても、現実には多様な考え方があって、僕らが信頼していた科学までグラデーションだったわけですよ。ひとつの決定打がないという中で人間は何を考えていけばいいか。政治をやるときは多数決でAかBを決めなきゃいけないと思います、おそらく政治の現場ではね。だけど、そうじゃない中で生きていく、しかもなるべく幸せに、なるべく不幸な人や差別される人が出ない形で生きていくにはどうしたらいいかという思想を練り上げなきゃいけないと思っている。そしてこれは、すごく立派な人たちのあいだだけで流通する言葉じゃダメだと思うんです。もちろんそれも必要ですけど、そんなことを書かれても高校を出たのがやっとの人間にはわかりませんから、それよりもフェスティバルをやるとかそういう具体的な形の中で、現場の中で鍛え上げられていく思想みたいなもの、言語化できないようなものを作っていくというのが、僕らのプロジェクトの役目かなということで、今年は8月15日から26日までいろいろやろうと思っています。和合さんの言い出した「橋を架ける」、ミチロウさんの言ってる「一揆」の発想、そんなものをどう具体的な作品なり作業なり祭りなりに落とし込んでいくかが勝負だと思っています。自分たちで全部やるのは大変なので、みんなに声をかけて、この名前を使っていいからどんどん日本中・世界中でやってくれという形で呼びかけつつ、いろいろやろうと思っています。

どうもありがとうございました（拍手）。

第2部

震災・原発事故が政治経済学に問うもの

4 震災・原発問題と日本の社会科学

政治経済学の視点から

経済理論学会代表幹事・摂南大学教授
八木紀一郎

1 福島シンポジウム開催にかけた希望

いまわたしたちは、いまなお収束しない原発事故と低線量放射能被曝に脅かされている福島市でシンポジウムを開催しています。わたしたちがこの地でシンポジウムを開いたのは、日本の社会科学が東日本大震災と福島原発事故から学ぶためには、災害を経験し、それに対して行動し、思想と政策を形成している人々に会い、そうした人々の前で討議することが必要だと考えたからです。このセッションで討議するにあたり、私はなによりも先に、この地でのシンポジウムの開催を受け入れてくださった福島のみなさま、そして、共催学会の会員の方もおられますが、福島大学のみなさまに感謝の意を表明します。

私が代表幹事をつとめている経済理論学会は、経済学の理論を机上のモデルに還元することに反対し、経済学の研究を批判的かつ社会的視野をもつ総合的科学、すなわちポリティカル・エコノミーとして遂行することを標榜しています。この学会の幹事会は、昨年4月16日に大震災と原発事故の問題に学会として取り組むことを声明しました。この声明は英訳されて一定の国際的な反響を得ました。しかし、声明を発したのは地震が起きて1カ月以上後のことでしたから、決して早い対応ではありません。私の次にお話しいただく、広渡先生が会長になられた日本学術会議は、震災のおきた3月にすぐに活動を開始されています。その枠組みのなかで多くの学会がワーキンググループを設置し、学術会議の内外で多くの具体的な提言をおこないました。経済理論学会は包括的な学会ですが、震災や原発に直接関連した専門学会ではありませんので、それに直ぐに加わることができませんでした。私自身、自分の研究がこうした災害や事故に直ぐに対応できるものでなかったことを内心恥じながらこの1年間を過ごしました。

経済理論学会幹事会の声明は、会員に対して年次大会で震災・原発問題を討議する全会員参加のプレナリー・セッションを設けることを伝え、そのセッションに向けて意見・提言を寄せるよう呼びかけました。その意見・提言集と昨年9月におこなわれた討議の記録はみなさまのお手もとにあります。

このプレナリー・セッションで、私は大震災が起きた1年後に他の学会に呼びかけながら福島市でシンポジウムを開催しようと提案し賛同を得ました。それにしたがって経済理論学会がおこなった呼びかけに、経済地理学会、日本地域経済学会、基礎経済科学研究所が共催団体としてお加わりいただき、シンポジウムの実行委員会ができました。政治経済学・経済史学会にも、この趣旨にご賛同いただき協賛団体としてお加わりいただいています。また、日本学術会議の前会長の広渡清吾先生には、きわめてきついスケジュールのなかで福島においでいただきました。このようにして、この本日午前のセッションでは、単独学会では不可能な複眼的な視野での議論ができることになりました。

さらに、関係5学会中3学会が加盟している日本経済学会連合からは、共催集会の補助費をいただいています。福島大学からは、この午前のセッションでは山川充夫先生、午後のセッションでは副学長の清水修二先生、名誉教授の鈴木浩先生にお話しいただくだけでなく、集会開催のための補助もいただいています。

昨年、わたしたちが確認したことは、地震・津波・原発事故のすべてにおいて崩れ去った「想定」なるものが、防災工事における「想定」にせよ、原発の安全確保における「想定」にせよ、既存の日本の政治経済体制のもとで許容される基準の線引きでしかなかったことです。それは防災、国土開発が中央政府によってコントロールされた土木事業としておこなわれるさいの「想定」であり、国策化した「原発」推進を独占企業体におこなわせるための基準にすぎませんでした。それは、かつての政治経済学者が「国家独占資本主義」と呼び、最近の政治学者たちが「開発主義」と呼んでいる政治経済体制のもとでの「想定」であり「基準」でした。したがって、昨年の震災・原発事故がもたらした大惨事からの復興は、「国家独占資本主義」というにせよ、「開発主義」というにせよ、これまでのように、中央政府が統括する経済成長を中軸において日本の経済、国土、地域を考えることに対して反省を迫るものです。惨事を引き起こした体制の対極にあるものは、地域の住民の自治・主権にもとづく国土と経済、ネイションの形成です。福島はローカルですが、いまや中央政府が代表するようなネイションの下の一地方ではありません。むしろ、グローバルな市民社会と連動しながら、ネイションを再形成していく場所であろうと思います。

2　市場の経済学・再生産の経済学・生活安全の経済学

この冒頭の報告で私は、こうした災害・事故と復興問題が政治経済学の枠組みにどのような問題を提起しているかを総論的に考えたいと思います。

それは、市場の経済学と安全の経済学の関連であり、また市場・社会・国家・世界を貫通するガバナンスの問題です。自分は経済学者ではないと思われる方には多少の我慢をお願いしますが、経済学、political economy 現代では簡略に economics とは何かにかんしては2つの見方があります。ひとつは、「富の科学」「富の生産、分配、消費の科学」としての見方であり、現代的にいえば「資源の効率的配分の科学」です。もうひとつは、富の生産・分配・消費という経済的な過程をうまく制御するということで、現代風にいえば経済の各レベルにおけるガバナンスの科学です。日本、あるいは中国で現在おこなわれている「経済」という語が、中国古典の「経世済民」を約めた語であることは多くの大学の経済学部の学生が耳にたこができるほど聞かされています。そのような伝統的な、上からの支配ガバナンスである「経世済民」を下からのガバナンスの形成に転換したときに経済学が成立したのです。上からの支配は富の支配ですが、下からのガバナンスの形成は富の生産です。そして、「共同の富」すなわちコモンウィール common weal 共同の福祉は commonwealth 共和国ですから、政治＝ガバナンスを含んでいます。

経済学には、富の科学という側面とガバナンスの科学という側面があり、それらが各レベルで結びついているとして、以下では、次のような図式（図❶）をおいて考察していきたいと思います。

図❶

政治経済学	富のレベル	ガバナンス
市場の経済学	既存資源による富	市場：効率的市場／投機
再生産の経済学	再生産される富	生産・再生産システム：再生産を保障する正常な価値
生活安全の経済学	基盤的な富	公共的ガバナンス（地域・国家・グローバル市民社会）

「富の科学」というのは、既存の資源を利用して富を生産・分配・消費することの研究で、経済学者はこれが「市場」というオープンな取引システムによって実現すると考えます。資源あるいはそれから派生した財がともかく存在し、それが市場に出されるということが供給であり、これが消費者の側の財への欲求という需要側の事情とあいまって市場価格が決定し、それによって経済が動くというのが「市場経済学」です。これがレオン・ワルラス以来、現在にまでいたるアカデミズム主流になっている新古典派経済学の基本構造で、既存の資源を前提として生産をおこなう市場経済学です。この「市場経済学」には明らかな限界があります。それは、市場は供給が続くかぎり成り立ちますから、供給の維持可能性が問題になることはありません。資源が枯渇していけば価格は上昇しますがただそれだけです。資源がなくなれば、市場が成立

する他の地域・他の分野に移るだけです。価格メカニズムはこうした資源消耗的な経済活動という性格を変えることはできません。

経済学者のなかには市場は将来のあらゆる可能性を織り込んで価格を決定し取引を成立させることができるとみなして「市場の動学的な効率性」を仮定する人もいますが、彼らもそれが現実ではないことを認めています。それでは、効率的市場仮説が成立しないとすれば、市場には何が残るのでしょうか？それは不確定な予想のもとでおこなわれる「投機」です。この市場理論から派生したのが、既存の富の存在を前提にした金融の市場経済学でこの領域における投機の経済が世界金融恐慌を引き起こし、現在にいたるまでの世界経済危機を生みだしています。

それに対して「再生産される富」のレベルというのは、「富の生産」によって消耗される財・資源を生産のなかに組み込むことによって、継続的な生産を可能にすることです。そうした再生産のメカニズムにおいて経済を捉えるのが、私が考えるポリティカル・エコノミー（政治経済学ないし社会経済学）です。そこでは、とくに、生産において消尽される生産手段だけでなく労働力の再生産が視野のなかに入ってきます。経済体制としての資本主義が単なる「市場経済」と異なるのは、そのような再生産のメカニズムを自分自身のうちに確立していることです。「再生産される富」の条件のなかに、生産財の補塡・持続的確保と生産者の生活における福祉が含まれます。それが市場的な価値評価において現れたものがスミス、リカード、マルクス、スラッファらの「価値」です。再生産を保証する価値ということは、生産財の起源である自然的資源との関連、労働力を生みだす生活の形態・水準・内容をめぐっての協働と対立の関係に開かれているということです。そうした生産・分配のなかでの利害関係が何らかの方法によって調整されて再生産可能な関係になることが政治経済学におけるガバナンスでしょう。

しかし、生産が持続的におこなわれるためには、生産手段と労働力の補塡だけでなく、生産の基盤である自然（大地、つまりアース）と人間のなかにある基盤、人間的自然と社会的・文化的富が必要です。その大部分は、市場経済のなかに包摂されているものではありません。自然環境の微妙なバランス、人間が生まれ育ち生活する活動とコミュニティのなかで共同の資産として存在しているものがほとんどです。それらによって、人々の生活の安全が確保されているということが前提です。昨年3月の地震・津波、そしていまにいたる放射能汚染が襲ったのは、こうした自然基盤、またそれと結びついた生活基盤における富でした。地震と津波によって、2万人近い生命が失われ、荒廃した土地が残されました。原発事故によって放射能汚染された土地は、「警戒区域」として指定されて立入禁止されているのは事故原発から半径20キロ、また風向きによってそれを超えて放射能汚染が拡がった約600平方キロですが、その外部でも半径30キロまでの「計画的避難区域」および「緊急時避難準備区域」、さらに商業的農業が実質的に不可能な地帯が生まれています。さらに、放射能線量の高いホットスポット、危険度が未知の低線量被曝地域、生物濃縮をともなった食品などによる内部被曝の危険が生まれました。わたしたちは基盤的富の維持の問題は、生命と生活の安全確保の問題であることを気づかされたのです。

それは市場経済の範囲を超えていますから、それに対する対応は、地域コミュニティのレベルから、国民国家、国際レベルでの公共的な意思決定を必要とします。経常的な再生産を基準にした経済学も、そのような生活基盤の保障にかかわる経済学の補完を必要とします。これが経済学の第3のレベルです。私はこれを「生活安全の経済学」と呼びたいと思います。

「再生産される富」の経済学としての政治経済学も、市場で活動する資本（企業）が再生産の主導的な主体であると考えるか、それとも非市場的な基盤と結びついた多くの主体が再生産を可能にしていると見るかで、その構造が変わってくるでしょう。私の印象では、1960年代半ば頃までは前者が主でしたが、その後、公害問題や環境問題がクローズアップされるなかで、1970年代に転換が生じました。日本では都留重人さんが体制の論理と素材の論理を統合した公害の政治経済学を提唱し、宮本憲一さんが社会資本の経済学を生みだしました。また、かねてから「広義の経済学」を提唱していた玉野井芳郎さんが「地域主義」の運動をおこしました。経済理論学会も1974年には、「現代資本主義と資源問題」を年次大会の共通論題に設定しました。「再生産の学」としての政治経済学が基盤的富の次元にまで拡張・深化されたと言ってよいでしょう。

私は、現在の事態は、この1970年代前後の政治経済学の革新を一段と深化させることを要求していると考えます。公害・環境・地域問題が政治経済学に革新をうながしていた1960～70年代に焦点になったのは、とくに水俣の水銀中毒問題です。これは、現在、わたしたち社会科学者に革新を促している原発事故と放射能汚染と同様に大企業がかかわっています。水俣の場合には長期にわたって企業が排出したメチル水銀が生物による濃縮をへて住民の生命健康に被害をもたらしました。福島第1の場合には、地震・津波に対して真剣な対策をとっていなかった電力会社が、発電用の原子炉内にため込んでいた放射性物質を大量に外部に放出し、広範かつきわめて長期にわたる損害を引き起こしました。

水俣病の発見の背後には会社や行政の抑制に抵抗して病気の原因をつきとめた医師・研究者の苦闘がありました。原発の危険に対しても警鐘を鳴らし続けた研究者がいました。しかし、1960~70年代に高まった公害・環境問題に対する意識は、原子力発電に対する警戒心にそのまま発展することはありませんでした。原子力発電がエネルギー安全保障の要と位置づけられて国策化するなかで、原子力発電の危険を指摘する研究者・活動家の孤立化がはかられ、批判的な人々を排除した「原子力ムラ」(政府・原子力産業・電力産業・政治家・学界の暗黙の結合)が形成されました。他方で、電源三法などによる利益誘導政策のもとで、原発を継続的に誘致する地域的利害構造が構築されました。そのため原発に疑問をもつ人も原発問題について発言を避けるようになり、経済産業省の官僚たちが地球温暖化対策の名のもとに原子力発電の拡大をはかっても、それを阻止する動きは現れませんでした。このような成り行きをわたしたちは痛苦をもって受けとめなければなりません。

3 政治経済学とガバナンス

「市場の経済学」が市場化されない「基盤的富」、確率計算が困難な将来の危険を扱いえないことは明らかです。問題は、この第3の「基盤的富」にかかわる「安全の経済学」においては、どのような価値評価をおこない、どのようなガバナンスを実現する必要があるか、そのために政治経済学は何を課題にしなければならないかです。

「基盤的富」の次元では費用は経常的な経済活動によって発生するのではなく、「安全」に対するリスクへの備えとして発生します。その算定は、それが市場化されていないことと、リスクの規模も確率も未知に近いことできわめて困難です。もしそれが知り得る場合でも、リスクの規模と確率は、それぞれ多層にわたる構造をもって存在しているでしょう。リスクを分析すれば、個別の利用者に配賦可能な費用もあるでしょうが、残余リスクの問題が残ります。リスクに対する費用を電気料金のように応益的配賦する場合でも、リスク防止の水準をどこまでに設定するかは最終的には公共の決定に委ねられざるをえません。

日本全体にかかわる損害を生むリスクとローカルなリスク、高い頻度でおこるリスクと低い頻度のリスク。それらに対応してガバナンスと費用負担の構造も重層化され、企業レベルでの対応、国家あるいは中央政府としての危機対応、ローカル・レベルでの対応の体制が整備されなければならないでしょう。しかし、全国レベルの災害であっても、全国の地域・個人に被害が平均的におこることはなく、災害はつねに地理的な属性を帯びています。それが、何よりも地域の自己決定を尊重しながら「公正」が実現されなければならない理由です。したがってそれはガバナンスの理念、構造、実現の手続きに関連し、法学・政治学・社会学との協働が必要になります。

1960〜70年代における政治経済学の革新においては、社会資本・環境についての認識が深まり、そのための公共的意思形成において住民の民主的自治の重要性が認識されました。にもかかわらず、昨年の大震災とそれ以来の原発事故の拡がりは、多くの経済学者も含めて衝撃的なものになっています。そこにはわたしたちの政治経済学自体の立ち遅れがあったと認めざるを得ません。

絶対に必要なことは、この大震災・原発事故自体から学ぶことです。そこには、防災・避難施設の建設にかかわる費用・効果の計算・分析の領域から、原子力発電を含む電力コストの評価、被災地の基礎自治体の財政、地域の農水産業およびその加工業、地場産業と進出企業、高齢化するコミュニティのなかでの社会基盤維持のあり方について、等々の重畳する問題群が存在します。そのなかで明らかなことは、住民と直接にかかわる基礎自治体の枢要的な意義です。県にせよ、国にせよ、おしきせの基準と規格にあわせた防災対策は、「想定外」の現実によって脆くも崩れ去りました。災害を減じたのは、地域の実情に合わせた対応と日ごろの防災のこころがまえでした。これは三陸地域と違ってもはや大規模な津波災害はおこらないと油断していた仙台湾地域の被害の甚大さに現れています。

原発事故における根本的な問題は、地震・津波による被害がおこりうる地域に原子力発電所を立地させたこと自体にあります。東北電力の女川原発が無事であったのは、詳細な研究によって過去の大津波の履歴を発見してそれに対して対策をとっていたためですが、東京電力はそれと対照的に過去の大地震・津波をもとにした警告を無視していました。これは、首都圏地域に電力市場がある東京電力にとって、福島はそこで企業が生きる場所ではなく、電力を供給するだけの企業植民地にすぎなかったからだという見方がありますが、あたっているのではないでしょうか。東京電力については、原子力利用推進という「国策」に協力しその実働部隊になることによって「民営」企業としての責任を免除されるという「国策民営」によるガバナンスの欠如が指摘されます。

それでは、防災および原発事故のリスクに対する公共的なガバナンスはどうだったでしょうか。それこそ、この大震災・原発事故ほど、政府と議会、中央省庁と財界を含む国家のガバナンスのあり方に対して国民が疑問をもったことはありませんでした。新幹線が事故を起こさなかったこと、自衛隊の被災地配備が迅速におこなわれたことは政府によって自画自賛されていますが、被災地救援のバックアップ、その財政的保障は大幅に遅滞しました。原発事故にいたっては、そもそも危機対処の体制が成り立たず、また専門能力の欠如が露呈しました。どちらにおいても、現地でおきていることに対して、中央政府は即応的に対処する体制も能力も備えていませんでした。

被災地域では、少なからずの市町村がガバナンスの軸となる幹部や施設をも失いました。それでも被害を大なり小なり受けている住民自身の集団的な結束を基礎に、海外のメディアに称賛されるほどの秩序で被災の試練に耐えました。被災地域で現実的な対処能力を発揮したのは、被害が比較的少なかった近隣自治体による応援、自前のロジスティクスをもつコンビニなどの企業、保健医療要員、警察官、行政要員をも含む遠隔自治体間の協力、そして当初は政府によって足止めされていたボランティアでした。全世界からの救援活動もめざましい活動を展開しました。〈地方→中央→地方〉という国家の再分配型の制度的構造よりも、こうした水平の「連帯」的な構造のほうが効果的であったと思われます。

このような経過を考えると、「基盤的富」の保障、「生活の安全」の保障の領域において、中央政府が主導する従来の開発型の政策体系と再分配をとおした中央コントロールの方式にともなうガバナンスの欠陥が、甚大な被害、福島原発事故の重要な要因であり、また救援・復興における立ち遅れを結果したと考えることができます。それに対して、地域に生きている住民の生命・生活に責任をもっている、そして多くの場合その仲間である人々が構成している自治体や近隣コミュニティが自律と創意をもつこと、それを支えることが重要なことが示されました。２００９年に共同資産にかかわるガバナンスの研究でノーベル経済学賞を得たエリノア・オストロムは住民参加型の多元的なガバナンスのほうが、画一的な中央ガバナンスよりも実効的であることが多いと論じています。住民自治・地域主権がまず原理として確認され、そのうえで、基礎的な自治組織ができないことを上位団体がおこなうという原則が重要でしょう。もちろん、地方の基礎自治体の財政力は弱く、まして被災自治体にとって自己財源は皆無に近い状況でしょう。そこでは、公共的な決定における「公正さ」の基準が合意されるべきであり、その上にたって「連帯」の原理による国家的規模での財政負担がおこなわれるべきです。

中央主導の開発政策、「国策民営」型の原発立地における最も大きな問題は、国民レベルでの「公正基準」にもとづいた「連帯」の原理が、利益・利権による誘導をともなう政府・大企業の結合した体制によって、その発展の可能性が奪い去られることでしょう。中央から地方への財政移転がなかったわけではありません。しかし、それは地方の自立を保障するものではなく、「国策」思想が骨の髄までしみこんだ中央省庁による規制・誘導と結びついたものでした。政府は協力する大企業とともに、過疎地、産業衰退地域、後進農業地域に、資源開発や工場誘致、利権と結びついた建設工事の資金を投じますが、その利益は利権を得た企業や立地自治体によって独占されました。原発立地自治体にとっての電源三法による交付金のように、買収に近い形で巨額の財政支出がおこなわれ、他地域、とくに大都市圏に住む人々は危険な原発立地地域の人々のことを忘れることのできる構造が成立していました。これは多くの人が気づいているように、沖縄県民の反対にもかかわらず危険な米軍基地を沖縄に置き続け、財政優遇でその埋め合わせをしてすませようとする構造と同じです。電力・エネルギーにせよ、安全保障にせよ、国家が設定した「国策」的枠組みのなかで、協力自治体・協力企業と選別的に利益交換をはかろうという政策は、分断支配のシステムです。それには「公正さ」が欠けていますから、そこから「連帯」が生まれることは困難です。

首都圏でも、私の住んでいる関西都市圏でも、震災の惨状に対する同情心は高まりましたが、放射能汚染への対応は「連帯」的であったというより、放射能のリスクを忌避することが第1の関心事であったように思います。首都圏などの大都市圏で放射能が検出される食品に対して安全を要求することは、原発事故による放射能汚染のリスクに現実にさらされている人々に対しても、同様な配慮が保証されることを要求しなければ「公正」とは言えないでしょう。前者のリスクは可能性であるのに対して、後者のリスクは現実だからです。同レベルの安全が保証されない場合には、現実のリスクにさらされている人々の「自己決定」を支持しながら、それがどのような「決定」であれ、国民として同水準の「安全」に近づけることに連帯的な負担をいとわないことが表明されるべきでしょう。

学術会議は震災後まもない昨年3月21日の緊急提言で、ペアリング支援（中国四川省大地震の際に「対口支援」と称して実施された）という考えを示しました。被災した特定の自治体と支援する特定の自治体が持続的にペアを組んで復興支援にあたるという構想です。もし、私の住んでいる滋賀県が福島県とペアを組んで、福島県の避難者の状況改善、放射能汚染の状況の改善にともに責任を共有するということになったらどうでしょうか。こうした県どうしの協力が、応援に派遣される職員や警察官だけでなく県民の全体にまで拡がり、滋賀県民が福島県民の毎日の状況について心配するようになれば、そこには連帯心が生まれます。しかし、放射能汚染とたたかっている福島県を支えるのは国だと考えるだけでは、せいぜい中央政府の対応への遅れに対する批判しか生まれないでしょう。国民的な連帯心は同一の国家・同一の政府のもとにあるから生まれるものではなく、対等の立場で国民となり国家を形成しているということから生まれるというのが「国民主権」の原理です。日本全体のなかでの地域相互の連帯についても同様です。日本という国家の「主権」は、中央政府・国家機構によって代行・誘導されるものではなく、「公正さ」と結びついた国民的な「連帯心」によって人々と地域が再結合されることによって実現されるものです。

4　ローカル・ナショナル・グローバルな連関

私は東日本大震災と引き続く福島原発事故は、政治経済学にとって1960～70年代における公害問題と並んで、その第2の転換・深化を促しているものであると考えます。それはすでに述べたように、「基盤的富」の経済学の確立ということで、「生活の安全」にかかわる公共的な意思決定と政策実施過程におけるガバナンス問題を提起しているからです。

公共的な意思決定あるいはガバナンスといっても、衆議院や参議院の選挙のような国政レベルのものだけではありません。都道府県、市町村だけでなく、影響を受ける地域の住民の自治や、広域にわたる住民・市民の運動によって形成される公共的な判断や政策実施過程を含むものです。

東日本大震災によっておきた津波は　7時間後にハワイに達し、その数時間後には南北アメリカ大陸の太平洋岸に達しました。福島第1が放出した放射性物質は、その2週間後には世界を一周していました。福島第1の汚染水の海洋への放出を日本政府が近隣諸国に事前通知せずに実施したことへの各国政府の抗議はもっともです。日本は、1945年に米国による広島・長崎への原爆投下による犠牲者を出し、

1950年代には核大国の原水爆実験による放射能被害に抗議する運動を開始しました。その国の政府が、自国が放射能汚染をおこしたときには他国民のことを忘れていたのです。

放射能の拡散は世界的なものですし、また放出された放射性物質が人間にとって無害になるには気の遠くなる時間がかかります。原子力発電所は、臨界に達して暴走すれば核爆発をおこしますし、安全に運転していても、そのようなリスクをもった廃棄物を毎日積み上げています。福島第1が廃炉になることは実質上決定済みであると考えても、それでもなお48基の原発が日本にあります。もんじゅ増殖炉のプロジェクトや六ヶ所村の再処理施設の建設もまだ継続されています。日本の原発をどうするか、日本のエネルギー政策において「生活の安全」をどのように組み入れていくかは、現実にわたしたちが答えなければならない課題です。

このシンポジウムでは、昨日、南相馬市の桜井市長をはじめとして、現場で放射能による生活破壊とたたかいながら地域社会を維持しようとしている方々のお話を聴きました。今日の午後には、原子力発電とその事故による放射能汚染問題をローカルであると同時に世界的な視野でとらえることで、わたしたちの直面している課題に迫りたいと思います。そのため、脱原発をかかげた福島県の復興ビジョンの策定に尽力された鈴木浩先生、1986年におきたチェルノブイリ原発事故以後20年をへた放射能汚染地域の現在の状況を見てこられた福島大学副学長の清水修二先生、そしてドイツのメルケル首相に2022年末までの原発全廃を決心させた「安全なエネルギー供給に関する倫理委員会」のメンバーであったベルリン自由大学のミランダ・シュラーズさんのお話を聴きます。そのうえで、再度討論して、現在の事態のなかでの社会科学者の責務について考えていこうと思います。

最後に、科学者の課題にかかわって、一言申し上げておきたいことがあります。それはドイツが脱原発の方針を固めたことに対して、ドイツは原発を多数動かしているフランスなどから電力を購入しているので、独善的な決定ではないかという人がいるからです。そもそも環境政策とエネルギー政策が1国にとどまりえず、とくに欧州ではその統合が進行していて、そのなかでドイツとフランスで電力のやりとりがあることは議論をおこなうさいの当然の前提です。そこからどう移行していくかが課題なのです。

福島第1の事故の直前にドイツ政府の環境政策に対する諮問委員会（SRU）は、2050年までに再生エネルギーによる電力システムへの完全移行が可能であるという特別報告を出しました。この特別報告は、温室効果ガスの排出が少ないことを理由に、原発を再生可能エネルギーと強弁するようなことはせず、原発と再生可能エネルギーの組み合わせは不適切であるとして、原発の耐用年限の延長を否定していました。それは4月に設置されたエネルギー供給にかんする倫理委員会の結論とともに、ドイツ政府の決定に大きく影響したと思われます。実は、この特別報告は、欧州全体についての再生エネルギーによる供給体制への移行も視野に入れたもので、欧州のエネルギー政策の形成に向けて公表されたものでもありました。ドイツは、決して、一国脱原発論ではないのです。

私が最近ベルリンで面会したこの委員会の専門家は、エネルギーや電力をどのように得るかは各国の主権事項なのでドイツ政府もEUも各国を縛ることはできない、しかし、欧州各国の政治状況がどのようであれ、現実的なシナリオを多数用意して、各国の脱原発・再生エネルギー利用への移行を理性的に促進することが重要なのだ、と語っていました。私もそのように考えます。それが科学者のとるべき態度であろうと思います。そして科学者たちは公共的な意思決定に向けて、グローバルな世界における市民社会・市民運動と結びつきうるのです。

5 東日本大震災・原発事故と社会のための学術

日本学術会議前会長・専修大学教授
広渡清吾

はじめに

広渡でございます。経済分野の4学会が連合して福島の地でこのような会合をもたれたことに心から敬意を表します。私は、昨年の9月末まで日本学術会議の会長を務めました。3・11以降の6ヵ月間、文字通り大震災と原発事故にどう対応するか、日本の学術がいま、社会のために何ができるのかということを日々考える、そういう半年間を過ごしました。学術会議は1期3年でまわっていますので、10月1日から新しい期に入りました。新しいメンバーが加わって、さらに復興のための支援、これは原発の被災地域も含めてですけれども、復興のための支援活動をどう強化するかということで、近々いくつかの提言が出される予定と聞いています（2012年4月9日に『学術からの提言――今、復興の力強い歩みを』が公表された）。

きょうは機会を与えていただきましたので、3・11以降の学術会議の活動についてご紹介をさせていただきます。また、その活動のなかで、日本の学術・科学が、とくに市民社会と政府に対して、どのように問題を立てていくべきかを悩んできましたので、そのことを問題意識としながらお話をさせていただいただきます。

1　日本学術会議の役割

日本学術会議の役割について、これはもうみなさまにはご説明するまでもないことだと思いますが、あらためて最初に簡単にご紹介いたします。1948年に日本学術会議法が制定されまして、1949年1月から活動を開始し、60年を越えて活動を続けております。内閣総理大臣が任命する210人の会員および会員の互選によって選出される会長が任命する約2000名の連携会員、さらにさきほど森岡先生がおっしゃいましたように特別のテーマについてとくに審議をお願いする特任連携会員という制度があり、総勢で2300〜2400名の科学者が日本学術会議の組織として日常的に活動しているということになります。

法律上、日本学術会議（以下、たんに「学術会議」ということにします）は、現在84万人を数える日本の科学者を「代表する機関」であるという位置づけが与えられています。科学者によって構成される組織であり、かつ、国の機関であります。メンバーはしたがって特別職の公務員というわけですが、政府の指示から独立に活動を行うことが法的に保証されています。インディペンデントな科学者の組織であるという、この法的位置づけは、とても重要なものです。

法が日本学術会議に与えた目的・使命は、「科学の向上発達を図り、行政・産業及び国民生活に科学を浸透させる」ことです。これを敷衍しますと、一方で、科学を発達させること、「科学のための科学」、つまり文字通り人間の知的探求の営みを発展させること、と同時に他方で、その知的営みの成果を社会全般に浸透させる、「社会のための科学」を追求すること、これらのことに尽力することが学術会議のミッションであることになります。そこで、「学術とは何か」をめぐって学術会議のなかでわれわれが議論をする場合には、それは、「学術のための学術」と「社会のための学術」という2つの要素を本質的な、かつ、相互に不可分なものとして含むものであると位置づけています。学術会議は、その2つの学術の要素に即して活動を展開しており、かつ、その観点から活動を点検しているわけです。

ここで、「科学」と「学術」の用語についてお話しておく必要があるかと思います。日本学術会議の英語名称は、“Science Council of Japan”です。これを日本科学会議といわずに日本学術会議と称しています。この「学術」という言葉は、歴史的にはさまざまな考証が可能ですが、われわれは、すべての分野における知的、学問的活動の総体を示すものと定義しています。学術の用語は、「科学」の用語と置き換え可能ですが、「すべての分野」にわたることを強調する趣旨で「学術」を使うわけです。これに関する深刻な問題は、日本の政策上の用語が「科学技術」と言葉を約《つづ》めて使われていることにあります。学術会議の考え方によれば、「科学技術」という用語は、サイエンス・ベースド・テクノロジー(science-based technology)を意味し、ここには「役に立つ」「有用なもの」、つまり技術中心・技術優先の意味合いがこめられており、ここから学術政策上の歪みが生じている。それゆえ、この用語法の代わりに正確に「科学・技術」、サイエンス・アンド・テクノロジー(science and technology)を用いるべきである。「科学・

技術」は、学術会議の立場からもっと明瞭にいえば、「学術」というべきである、と主張しております。法律上の用語は内閣法制局でチェックして使っておりますが、法制局は「科学技術」という言葉を「科学・技術」あるいは「学術」という言葉に置き換えるということを認めていません。ただし、政府の科学技術政策担当者のところでは、学術会議の用語を認めて、「われわれ（政府の側）が『科学技術』と約めて言う場合でも、学術会議がおっしゃるように『科学・技術』、『学術』の意味でございます」という答えが返ってきているのですが、用語の明確な変更はまだ行われておりません。

少し入りくんだことを申し上げましたが、学術会議はこのように、学術を「社会のための学術」として推進することを自らの使命にしています。それゆえ学術会議は、文字通り3・11以降、「ここがロードスだ、ここで跳べ！」（イソップ寓話「ほら吹き男」より）と言われたわけです。つまり、いまこそ社会のための学術とはどのように具体的な展開を示すものであるのかという課題を正面から突きつけられたのです。

2　大震災と原発事故に対応する日本学術会議の活動

1――東日本大震災対策委員会および3つの分科会の設置

そこで3・11以降の活動についてでありますが、この章の末尾に資料がついていますのでそれをご覧いただきたいと思います。3・11直後は都内でも交通が不便になりまして、余震の可能性も高いなかで、一か所に人が集まるということについては十分な注意が必要でしたが、3月17日に学術会議の運営の中心である幹事会を開いて緊急の方針を検討し、翌3月18日に学術会議メンバーを含めて公開の緊急集会を開きました。200名近い人が集まり、とくにマスコミ関係者が多かったのですが、そこで、「今、われわれにできることは何か?」を議論いたしました。いろいろな議論が行われて、いろいろな問題が提起され、行動提起が整理されました。これは、いまから見ても、重要な事項をたくさん含んでいます。学術会議の取り組みの態勢をどうするかについては、これは私が発案したのですが、「東日本大震災対策委員会」を設置してここに84万人の科学者の意見・アイデア等を結集し、この対策委員会を中心に学術会議からの発信をするという態勢を作ることにしました。対策委員会は、学術会議会長を委員長にし、すべての幹事会メンバーが委員となりました。そして対策委員会のもとに、3つの分科会を作りました。「放射線の健康への影響と防護」分科会、「被災地域の復興グランド・デザイン」分科会、および「エネルギー政策の選択肢」分科会であります。この3つの分科会は、学術の全分野から委員を出して構成し、それぞれのテーマに即して活動します。分科会は、独自に議論を進めて、提言を準備しました。

2――第7次までの緊急提言

これとは別に、3月下旬から4月の中旬にかけて、各学会と連携をとっている学術会議の分野別委員会(30の委員会がある)などを中心に、いわば、ボトム・アップの形で、さまざまな緊急提言が準備されました。これらの緊急提言は、組織的には対策委員会の審議と承認を経て公表されました。緊急提言は全部で7次まで出しました。これらは文字通り緊急提言でして、政府に対し、すぐにこういうことをやるべきであるという内容を持った提言です。3月25日に第1次緊急提言を発出しましたが、この段階では政府が情報を正しく国民、そして世界に伝えるということが懸念されていましたので、専門家を招いた公聴会の開催や国会審議を通じて、国民の心配、疑問に応えることや、国外の理解・信頼を得ることの重要性を訴えました。

また、復興支援の方式として、ペアリング支援、これは中国の四川大地震のときに行われた「対口支援」(「対口」は中国語、ペアを組むという意味)の考え方をわかりやすくペアリング支援と呼び変えたのですが、具体的に特定の被災地域と被災地域外の特定の市町村・地域がペアを組んで復興のための支援のネットワークを作るという方式です。これは実際に非常に活用されました。あるいはまた、放射性物質の拡散についてのモニタリング体制を至急構築するという提言も行いました。これはその後、文科省のもとで実現されていきます。

とくに、第3次緊急提言は、「東日本大震災被災者救援・被災地域復興のために」と題する文字通り体系的なもので、人文社会系の第一部がとりまとめました。人文社会系の第一部には、10の分野別の委員会がありまして、その1つが経済学委員会です。岩井克人さんが委員長でした。このとりまとめに際しては、1週間ほどのあいだに各分野別委員会から各学会にも呼びかけて、さまざまな構想・アイデア・提案を出していただき、分野ごとにとりまとめ、それを当時、私が第一部長をしていましたので、私のところに集中し、体系的な提言に整理しました。被災者の多くのみなさんが避難所にいらっしゃる時期でしたので、避難所の運営、健康管理、医療、保健から始まり、4月になると新学期が始まるので子どもの教育をどうするか、また、今後の町の復興や住宅建設をどうするか、そして原発事故に対してどういう対策を講じるべきか、原発政策をどのように考えるべきかまで、きわめて体系的な提言を出しました。これは人文・社会科学の分野の各学会のみなさんのご尽力によって成立したものでした。4月5日の段階で出したものとして、先駆的かつ体系的な提言であったと自負しております。これらのほか、原発事故現場におけるロボットの活用、また、被災地の救援と復興における男女共同参加視点の推進など、重要な提言を行いました。

3——原発事故についての外国アカデミーに対する現状報告

緊急にこれを実現すべきであると政府に申し入れる形の提言とならんで、重要視したもうひとつの仕事は、国際的な科学者に対する発信でした。学術会議に期待されている役割のひとつとして、国際的な科学者との連携、各国のアカデミーとの交流があります。各国の科学者・アカデミーは、とくに福島の原発事故の推移について大きな関心を持っていました。しかし、政府から適切な情報開示がないという状況のもとで、日本学術会議が国際的な学術の世界に対して、福島の原発事故について、日本学術会議としての現状の認識を示す必要があるという判断をしました。5月の連休明けには、これも10日ほどの準備でしたが、政府からの十分な情報開示がない、原子力安全委員会にもほとんど科学的な検討に値するデータがないという状況のもとで、「東京電力福島第1原子力発電所事故に関する日本学術会議の海外アカデミーへの現状報告」を英文で作成しました。

私の前任者の金澤一郎先生は、原子力安全委員会に斑目委員長を訪ねて、学術会議で福島原発事故のデータを元に分析して海外に報告したい、ぜひデータを出してくれと依頼しましたが、こちらが望んでいるデータが「安全委員会にはない」ということでした。安全委員会になくてどこにあるのだと思いますが、たぶん東電↓保安院↓安全委員会とデータが上がるルートが必ずしも十分に確保されていなかったということでしょう。そういうなかでメディアの報道や個別の科学者が入手したデータにもとづいて海外アカデミーへの報告を作成し、世界各国のアカデミーに送付したわけです。30くらいのアカデミーからは激励とお礼の返事が来ました。とくにフランスのアカデミーは、津波・地震災害と原発事故について、3・11後のフランスにおけるこの問題への対処と、そして日本に対するアドバイスを、〝Solidarity Japan〟と題するリポートにまとめて、8月中旬には、フランス・アカデミーの副総裁がそれを持参して学術会議を訪ねてくださいました。

4——9月の幹事会声明における活動の中間総括

さきほども申しましたように、9月末には、1期3年で活動期間を区切っている学術会議の第21期が終わりました。その締めくくりのために、運営の中心である幹事会で「東日本大震災からの復興と日本学術会議の責務」（9月22日）という声明を出しました。その声明のなかでは6ヵ月間の総括をして、われわれの活動は本当に十分であったのかを問いました。

私はこの間活動の中心にいて、ずっと学術会議全体の動き見て来ました。かつてなくよく動いた、かつてなくインテンシブな活動をしたけれども、しかし、課題の大きさに照らして不十分な活動しかできなかったというのが率直な判断でした。このような総括を踏まえて、声明では今後、何をやるべきか、2つの問題を考えなくていけないと問題提起をしました。ひとつは、政府に対して、政府の決定に意義をもちうる助言・提言をどのように準備するのか。もうひとつは、市民社会に対して、どのような姿勢で、どのような意義づけをして助言・提言を行うべきか。

政府に対する関係について、これは政府の側にも学術会議をどう活用するかという姿勢において問題があった。実際のところ3・11から9月末まで、私が中心にいた時期をとってみても、政府から、大震災からの復興と原発事故への対応について84万人の科学者の代表機関として政府に助言をして欲しいと言われたことがない。国民の税金で日本学術会議は運営されています。予算はもちろん決して多くありません。学術会議の年間予算は12億円ほどです。ちょっと話が飛びますが、日本科学技術振興機構（JST）という自然科学を対象にした大きな研究支援機構がありますけれども、このJSTの理事長裁量経費がほぼ同額と聞きました。当時のJSTの北澤宏一理事長が学術会議会員でもあり、会員総会で「何か必要なことがあったらJSTに言ってください」とおっしゃいました。頼りにしたいと思う反面、ちょっと憮然としました。

学術会議は、潤沢でないとはいえ国民の税金で運営されている科学者の組織であり、法律上、政府に対する政策提言、アドバイスをするという役割を与えられているわけです。にもかかわらず、政府は、的確に科学者のアドバイスを求めるという態勢をとることができなかった。実際の政府の行動は、科学者の活用という点ではきわめて場当たり的であり、混乱の極みのように見えました。緊急時の対応を的確に行うためには、通常から学術会議と政府とのあいだで学術会議からの助言・提言のあり方と位置づけについて信頼にもとづいた共通の了解が必要です。このような体制をどのように構築していくか、今後考えていかなくてはなりません。科学者の側と政府の側が協働して、緊急事態になったときに日本の学術が国民の役に立つことができる態勢を作らなくてはならない。これが検討課題として示したひとつでした。

もうひとつは、市民社会との関係です。あとで詳しく申しますが、放射線による健康被害の問題は、たぶん科学者と市民とのあいだで、気持ちが非常に離れた問題ではなかったかと思います。学術会議には210名の会員がいますが、3分の2は自然科学者です。人文・社会科学、生命科学および理学・工学の3つの部に分かれており、各部の定員があるわけではありませんが、それぞれ70名前後で構成しています。私は学術会議16代の会長のなかで初めて人文社会系から選ばれたということで、メディアはそこのところを非常に強調して報道しました。私が選ばれた理由はわかりませんが、面倒なことが起こったので今回は人文社会系の人にやってもらったらいいのではないかとみなさんが思われたのかもしれません。

私の周りにはこのように自然科学者が多く、自然科学者と議論している限りは、やはり放射線医学の通説・多数説の立場がベースになります。ＩＣＲＰ（国際放射線防護委員会）の防護基準で日本政府も対応しており、このＩＣＲＰの防護基準を正しく国民に伝えることがいちばん重要なことである、という立場です。もちろん少数意見があり、ＩＣＲＰの防護基準について批判があるのは会場のみなさまもご承知のとおりです。科学者のあいだで少数意見があるのはそのとおりなのですが、しかし実際に対処しなければならない状況のなかで、学術会議が何かをやろうとすれば、ＩＣＲＰの防護基準に従って政府が防護対策を展開している、そのことを市民に十分説明することが必要である、という判断が基本になります。しかし、低線量被ばくの問題は、学術的に十分に解明されていません。それゆえ、ＩＣＲＰの防護基準の説明だけで、市民の方々が「ああそうですか」と安心されるわけではないので、政府の対応についての学術的説明をして、こういうものですよと啓発をするだけではなく、市民の方々が感じている不安、今後どうなるのかといった危惧を科学者が共有して、対策や対応を考えていかなくてはならない。この領域に踏み込むと、おそらく科学者にもすぐに答えが出ない問題だと思いますが、すぐに答えが出なくても、一緒に考えるという姿勢で学術会議が活動することが重要なのではないか。これが私自身の考えていたことでした。

学術の市民に対する啓発ではなくて、学術と市民が水平的なレベルでコミュニケーションをする。何を聞かれてもすべて答えがありますという形で科学が存在しているわけではなく、実は、聞かれるとわからない問題のほうがたくさんある。しかし、その問題について聞きたいと市民が言ってきたときには、一緒に考える。「実はここはよくわかっていません。よくわかっていませんが、ここまでは学術としていえます。ここから先は未知の領域です」という。そうなれば、それはリスクということになるわけなので、そのリスクをどうやって回避するか、あるいは負担するか、そういう判断を市民自身が科学者のアドバイスも受けて自分で行わなくてはいけない。声明では、このような市民社会と科学者・学術の関係について、これをもうひとつの検討課題として提示しました。

3　提言の具体的な内容

1――東日本大震災被災地域の復興に向けて――復興の目標と7つの原則

さきほど、東日本大震災対策委員会のもとに3つの分科会を作ったということを申し上げました。それぞれの分科会の活動に即して、提言の具体的な内容を少しご説明したいと思います。

第1は、復興に向けてのグランドデザインについての提言です。これは6月10日に第1次提言として、9月末により詳細な第2次提言として出しました。分科会の議論と並行する形で、4月11日、閣議決定にもとづいて設置された政府の復興構想会議でも、復興に向けての議論が進められていました。学術会議は、復興構想会議の事務局と連絡もとっていましたので、私たちの審議の状況も向こうに伝え、それから学術会議の分科会には復興構想会議の委員もいましたので、お互いに情報を交換しました。そうしながらも、学術会議として独自の立場からの提言を復興構想会議の提言に反映させることもねらいつつ、この提言を作っていったわけです。復興構想会議は、ご承知のように、分科会の第1次提言の2週間後、6月25日に菅首相に報告を提出しました。

分科会提言「東日本大震災被災地域の復興に向けて――復興の目標と7つの原則」は、復興の目標を「いのちと希望を育む復興」とし、7つの原則を立てました。1番目は、「原発問題に対する国民への責任及び速やかな国際的対応推進」の原則。ここには、9月の第2次提言では放射性物質の除染の問題も入れました。2番目、「日本国憲法の保障する生存権確立」の原則。これは明確に、憲法25条の生存権の確立が復興を進めるうえで最も重要な基本的な原則であることを提言しました。3番目、「市町村と住民を主体とする計画策定」の原則。4番目、「いのちを守ることのできる安全な沿岸域再生」の原則。5番目、「産業基盤回復と再生可能エネルギー開発」の原則。6番目、「流域自然共生都市」の原則。7番目、「国民の連帯と公平な負担に基づく財源調達」の原則。ここで示された7つの原則の核心は、「いのち」と「くらし」、そして復興構想会議の報告には明確でない視点として、「環境」です。地域の持続的発展・サステナビリティを重視して、復興の過程において被災地域の環境を守り再生するという観点を付け加えたのが、学術会議のこの提言の重要な特徴だったと思っています。

2――日本の未来のエネルギー政策の選択に向けて――電力供給源に係わる6つのシナリオ

第2は、エネルギー政策の選択肢をめぐる提言です。学術会議は、日本の未来のエネルギー政策の選択に向けて、6つのシナリオがあるという提言を6月24日に公表しました。これはいろいろ議論を呼びました。6つのシナリオの内容は、①すぐに原発をやめる、②5年程度かけてやめる、③20年程度かけてやめる、④30年のあいだに順次古いものからやめていって30年後にやめる、⑤原発の新規設置はしないが既存原発を設備更新して使い続ける、最後に、⑥原発は将来的に中心的な低炭素エネルギーと位置づけて原発をますます推進する、というものです。つまり、即時脱原発から、日本政府の従前の方針と同じように原発推進というところまで6つのシナリオを提案しました。シナリオごとに実現のための条件とメリット・デメリットを示しました。

これは、たとえば、人文・社会科学の第1部の会員からは非常に評判が悪く、なぜこの期におよんで原発の維持とか、ましてや原発の推進とかのシナリオが入るのかと批判がありました。他方で、原子力工学を中心にした工学系の先生たち、また、専門にかかわらず、やはり原発というものは日本の社会・経済の発展のために不可欠であると確信を持っている科学者が決して少なくありません。私は、この分科会のメンバーでかねてから信頼している自然科学者に「210名の学術会議会員に原発をどうするかというアンケートをとったらどうなるでしょうね」と聞いたことがあります。「さあ、どうでしょう。おそらく過半数は『必要だ』ということになるんじゃないでしょうか」という感想が返ってきました。この答えもたんなる推測であり、アンケートをやったわけではないのでわかりません。とはいえ、こうした状況のなかで、日本の科学者の総体を代表して将来のエネルギー政策について学術会議が提言をするというわけです。科学者が全員一致で、学術的立場から見てもこれでOKだ、これを政策に反映することが大切であると判断できれば、それは当然、政治にとってもきわめて有意義なアドバイスになります。しかし、このテーマについては、けっしてそういう状況にない。

また、考慮すべきことがもうひとつありました。将来のエネルギー政策の選択は、原発事故を受けて、国民がいまから考えて議論をして決めるべきことである。それについて、学術会議が世論を先取りして、学術の立場から特定の選択肢を学術的に基礎づけることが適切なのかということです。6つのシナリオの提示は、原発賛否の両サイドから批判がありえますし、実際にそうでした。原発が必要であり、継続するべきであるという考え方に立つと、すぐに原発をやめるという選択肢を含めていずれやめるという選択肢が過半を占めるシナリオは、受け入れにくいものだと思われました。他方からいえば、学術的見地からすぐに原発をやめるという選択肢が提起されたことは、大きな意味があったと思います。いずれにせよ、可能な選択肢のなかから未来の選択を決めるのは、国民的議論であり、それゆえ、分科会は、9月末まで時間をかけて、それぞれのシナリオを詳細にデータで基礎づけた調査報告書を作成したのです。未来の日本社会のエネルギー政策の選択は、国民的議論によって行うべきであって、学術はそれに対して学術的な基礎を提供する。どのシナリオにも誘導しない。どのシナリオも学術的に見れば実現可能である。原発には絶対安全はありえず、安全リスク、また、環境リスクは重要な問題であり、他方でリスクといえば、自然エネルギーの開発コスト、電力の安定供給の確保など、経済的な、財政的な、また国民生活上のリスクもある。どのようなリスクをとることを考えるか、これらを国民は議論して選択しなければならない。これが分科会提言の基本的立場でした。

こうした立場からすれば、国民的議論からのフィードバックをへながら、学術の立場からの助言・提言がさらに必要になると考えられます。したがって、分科会の調査報告書は、今後とも、学術会議がこの問題について検討を続けることを約束しています。

ご承知のように、日本学術会議は1954年4月に、会員総会において、原子力の研究・利用について、これを平和目的に限定し、また、それを進めるに際しては、公開・民主・自主の三原則で行うべきだという声明を発表しました。翌年、1955年に制定された原子力基本法は、この学術会議の声明を基礎に日本における原子力研究・利用の枠組みを作り出しました。その意味で、学術会議は、日本の原発を最初の時点でオーソライズした組織でもあります。それゆえ、私は、学術会議がそこまで含めてその役割を歴史的に総括しながら、原子力エネルギー利用のあり方について検討する必要があると考えています。

3——放射性物質の流出・拡散による健康被害の防止

第3は、放射性物質の流出・拡散による健康被害を防止する問題です。これについては、さきほど申し上げたように、学術会議はICRPの防護基準の考え方を国民に説明することを活動の基本にしました。その立場から6月17日には、会長談話「放射線防護の対策を正しく理解するために」を公表しました。この談話には、「よく言ってくれた」という政府サイドからの評価の一方で、学術会議の内外から厳しい批判もありました。この会長談話は、政府追随、健康被害の過小評価、その背後には原発容認があるという批判でした。実際、ある学術会議会員は、ネット上で「この会長談話は日本学術会議史上もっとも恥ずべき文書である」とまで酷評しました。私は、これは言い過ぎであると思います。実際、そういう主張者の主張をよく読んでみますと、会長談話の立場とけっして議論がかみ合っていないわけではありませんでした。私がこのようなやりとりを教訓に引き出したさしあたりの考えは、次のようなことです。

ICRPの防護基準に従って政府が防護対策をとっているのですから、それがどういうものであるか国民にきちんと説明する、そのうえに立って、さらに、市民が心配し問題にしていることについて、加えてどういう対策をとるかが重要だということです。会長談話に示される学術会議の姿勢に対する批判の核心は、学術会議は啓発する立場から発信をしているが、市民がいま、何を心配しているかという立場に立って市民の考えを聞いたうえでもう一度発信する、そういうフィードバックがないというところにあると考えました。つまり、学術会議は市民の目線に立って活動していないということが批判されているのだと受け止めました。そこで、私は、たとえば、放射線防護の問題について、繰り返し公開シンポジウムや市民との討論会を開くべきであると考え、追求しましたが、かなめになる科学者たちがスケジュールに追われて機動的に対応できず、任期中には時間切れで終わってしまいました。ただし、批判的主張をもつ会員を中心にしたシンポジウムの開催もあり、議論は続けられました。

以上の問題を考えるなかで、科学者コミュニティと科学者個人の関係をどのように位置づけるかという難しい問題があることにあらためて気がつきました。きょうのこれまでの話は、科学者コミュニティの代表機関としての学術会議の役割を論じてきました。学術会議は、科学者の声を「一つ」にまとめて、社会に、また、政府に発信するという役割を持っています。その際、科学者個人は、一人ひとり、科学者の社会的責任を背負って、自らの科学的見解を主張します。そこでは、一方で科学者コミュニティとしての「一つ」の声と、他方で科学者個人の見解との緊張関係が避けられない問題となりえます。科学者コミュニティを代表する日本学術会議の、社会のための学術を実現するという使命は、また、科学者個人の社会的責任の一内容をなすとも考えられます。科学者一人ひとりが自分の社会的責任として科学者の良心に従って社会に対して働きかけるときに、同時に、科学者コミュニティを代表する科学者の組織からどういう発信をするかということを、あわせて考えながら行動するということが求められているのではないか。「社会のための学術」、「科学者の社会的責任」は、科学者が全体として社会にどう向き合うのかという問題、つまり、科学者コミュニティのあり方論を提起しているのですが、このなかで、あらためて科学者個人と科学者コミュニティの関わり方が重要な論点であることがわかってきました。「一つ」の声とは何か、どのように形成することができるか・形成すべきか、そこにおける科学者個人の役割と位置づけはどうか等、今後は、学術会議のなかでも、そういう問題をもっと議論していく必要があると思っています。

4 今後の課題

最後にサイエンティフィック・インテグリティ(Scientific Integrity)という考え方について述べて終わりにしたいと思います。これは、「科学の健全性」と訳されています。この用語は、JSTの研究開発戦略センター『調査報告書・政策形成における科学の健全性の確保と行動規範について』(2011年5月)ではじめて知りました。この概念のもとで論じられているのは、政府の政策決定に対して科学が適切な役割を果たし得るための条件は何か、ということです。イギリスではBSE問題に関して、アメリカではメキシコ湾での石油流出事件で、それぞれ政府にアドバイスする科学の役割が社会的な問題となりました。この調査報告書によると、2009年3月にアメリカのオバマ大統領は、「政府の政策決定における科学の健全性を回復する」ための措置を指示し、基本的考え方として、①国家目標の達成に科学および科学的プロセスが不可欠である、②国家の政策的決定に関わる科学・科学的プロセスを国民が信用できることが必要である、③そのために政府が用いる科学的・技術的情報の公開、情報の準備・探究・使用の透明性確保が重要であること、また、その具体的原則として、①科学者・技術者の任用が科学上の実績にもとづくこと、②行政機関が科学的プロセスの健全性を確保する機関内規則・手続きをもつこと、③政策決定に用いられた情報の公開、用いるべき科学的知見の質の確保を示したということです。このような「科学の健全性」をめぐる議論は、アメリカ、イギリス、ドイツ、また、学術にかかわる国際機関で展開しているようです。

このような「科学の健全性」をめぐる議論では、政府と科学の関係が論点であり、政府の政策決定に用いられる科学の国民に対する信頼性の確保とそれを確保するための政府のあり方が問題とされていますが、これを科学の側でとらえかえすと、科学者コミュニティの役割論・責任論となるものと思います。

私がきょうここでお話しました学術会議の役割論は、このような国際的な議論のレベルも参照しながら、今後展開する必要があるだろうと考えています。そこで、「科学の健全性」の議論について政府の側から科学者コミュニティの側に視点を移してこれをどうとらえるか、私が考えたことをもう少し立ち入って述べてみます。

一つは、“Integrity”ということばについてです。このことばの英語としての意味を辞書でひくと、次の2つが示されています。

▶Integrity= the quality being honesty and having strong moral principles/personal, professional, artistic integrity/to behave with integrity

▶Integrity= the state of being whole and not divide/ to respect the territorial integrity of the nation

前段の意味からは、「健全性」という訳語が適切ですが、後段には「全一性」とか、「統合性」という訳語があてはまるようにも見えます。実は、Ronard Dowrkinというアメリカの法哲学者が“Law as Integrity”という議論を展開しているのですが（Ronald Dworkin, *Law'Empire* , 1986）、かれにとって法とは次のようなものとして意義づけられているのです。つまり、法は、

「政府に対して一つの声で語るべきこと、原理に従い首尾一貫したやり方であらゆる市民に向かって行動すべきこと、そして当の政府がある人々に関して用いる正義や公正の実質的規準をすべての人々にまで及ぼすべきことを要求するものである。」　詳しい説明は避けますが、Dworkinの“Law as Integrity”は、「純一性としての法」とか、「統合性としての法」の訳語があてられています。

飛躍があることを承知で私流にいいますと、“Scientific Integrity”は、次のような2つの要素を含むものとして再解釈してはどうだろうかと考えています。第1に「科学の健全性」であり、これは「科学的営みが誠実に強い倫理感をもって行われるべきこと」、そして第2に「科学の統合性」であり、これは「科学が政府に対して、また、市民に対して『一つの声』で語るべきこと、首尾一貫したやりかたで行動すること」を意味します。

この2つは、個人としての科学者の行動規範となるべきものでしょう。つまり、個人としての科学者は、第1の課題および第2の課題をともに実現するべく努力しなければなりません。しかし、第1と第2の課題は、さきに述べましたように、つねに調和的な関係にあるものではないわけです。むしろ、ここでは、第1と第2の課題の関係の両立性を作り出すことについて、科学者のあいだで了解された規範（ルール）が必要になるでしょう。そうして、第1、第2の課題の実現を目指し、科学者個人と科学者コミュニティの関係を構築する規範（ルール）の形成を行うことが、まさに科学者コミュニティの課題であるとはいえないでしょうか。最後は、勝手なことを申し上げましたが、今後の検討の素材として受け止めていただければ幸いです。これで終わらせていただきます。ありがとうございました。

（本報告については、報告後に刊行された広渡清吾『学者にできることは何か――日本学術会議のとりくみを通して』岩波書店、2012年5月、を参照していただければ幸いです。）

◉資料：「東日本大震災・原発事故に対応する日本学術会議の活動」

1——3月18日　幹事会声明と緊急集会
3月21日▼「日本学術会議緊急集会『今、われわれにできることは何か？』に関する緊急報告」

2——3月23日　東日本大震災対策委員会の設置
＝対外発信の権限を大震災対策に限定して幹事会から委譲され発信を迅速化
＝科学者コミュニティーからの提案・意見の受付窓口

3——対策委員会のもとに関連分科会の設置
4月5日▼「放射線の健康への影響と防護分科会」
4月8日▼「被災地域の復興グランド・デザイン分科会」および「エネルギー政策の選択肢分科会」

4——緊急提言
3月25日▼「東日本大震災に対応する第1次緊急提言」
4月4日▼第2次緊急提言「福島第1原子力発電所事故後の放射線量調査の必要性について」
4月5日▼第3次緊急提言「東日本大震災被災者救援・被災地域復興のために」
4月5日▼第4次緊急提言「震災廃棄物と環境影響防止に関する緊急提言」
4月13日▼第5次緊急提言「福島第1原子力発電所事故対策等へのロボット技術の活用について」

4月15日▼第6次緊急提言「救済・支援・復興に男女共同参画の視点を」

5――放射線被害からの防護に関する情報提供・見解

3月21日▼「国際放射線防護委員会（ICRP）が発表した勧告」

4月25日、28日▼「放射線の健康への影響および防護についての説明」（第1報～第4報）

4月25日▼「原子炉事故緊急対応作業員の自家造血幹細胞事前採取に関する見解」

6月17日▼会長談話「放射線防護の対策を正しく理解するために」

7月1日▼日本学術会議緊急講演会「放射線を正しく恐れる」

6――海外アカデミーへの報告

5月2日▼Report to the Foreign Academies from Science Council of Japan on the Fukushima Daiichi Nuclear Power Plant Accident (May 2, 2011)

（東京電力第1原子力発電所事故に関する日本学術会議の海外アカデミーへの現状報告）

7――提言

6月10日▼提言「東日本大震災被災地域の復興に向けて――復興の目標と7つの原則」

6月24日▼提言「日本の未来のエネルギー政策の選択に向けて――電力供給源に係わる6つのシナリオ」

8――会長就任後の取組み

8月3日▼第7次緊急提言「広範囲にわたる放射性物質の挙動の科学的調査と解明について」
8月15日▼会長談話「66年目の8月15日に際して──『いのちと希望を育む復興』を目指す」
9月21日▼提言「東日本大震災復興における就業支援と産業再生支援」
9月22日▼報告「エネルギー政策の選択肢に係わる調査報告書」
9月22日▼日本学術会議幹事会声明「東日本大震災からの復興と日本学術会議の責務」
9月27日▼提言「東日本大震災とその後の原発事故の影響から子どもを守るために」
9月30日▼提言「東日本大震災から新時代の水産業の復興へ」
9月30日▼提言「東日本大震災の被災地域の復興に向けて──復興の目標と7つの原則（第2次提言）」
9月30日▼会長メッセージ「学術は市民と政府にいかに向き合うべきか──第21期を終えるにあたって」

9──第22期学術会議の発足

10月3日▼東日本大震災復興支援委員会の設置
そのもとに、災害に強いまちづくり分科会、産業振興・就業支援分科会、および放射能汚染対策分科会の3つの分科会の設置

6 原災地域復興グランドデザイン考

経済地理学会前会長・福島大学学長特別補佐
山川充夫

1 はじめに

東日本大震災は地震や津波の規模がかつてなく大きく、人的・物的被害が非常に大きなものとなっている。福島の場合には原子力災害（以下、原災）をともなっていたことから、広域的分散的な避難にみられるように、特殊な被害様相を示している。これは原災が原子炉溶融と水素爆発をともない多量の放射性物質を外部に放出し、大気や大地、海洋に放射能汚染をもたらしていることに起因する。原災を受けた福島県は、緊急時避難準備区域の解除や、警戒区域・計画的避難区域の一部が避難指示解除準備区域に指定替えされるなど住民が帰還できる条件が整ってきた地域と、警戒区域・計画的避難区域が帰還困難区域・居住制限区域に再編されるなど、住民が帰還できない地域とに分断されている。前者の地域においては帰還など再出発に向けた取り組みが進められる。後者の地域では「仮の町」「時限の町」「セカンドタウン」などさまざまな呼び方はあるものの、帰還先以外の地に居住を選択しなければならない状況にある▼1。

原災は人々から自然や居住地を奪い、人間の共同性を次から次へと破壊し続けている▼2。原因は基本的には原子力エネルギーの推進を選択してきたことにあり、政府および国民は2度と繰り返すことのないように重大な決意のもと、「原子力に依存しない社会」の実現をはかっていかなければならない。今回の原災を通じてわかったことは、原爆アレルギーをもつ日本で原発の「安全神話」がいかに巧妙につくられてきたのかという問題である。その起点は「原爆は原子力の軍事利用」であるが、「原発は原子力の平和利用」であるという区分けにあった。しかし平和利用としての原発であっても、災害が起これば、原爆と同じような放射能汚染をもたらすということが明確になった。原発におけるウランサイクルからはウラニウムの核分裂後、プルトニウムと放射性廃棄物とが新たに生み出される。再処理を通じて抽出されるプルトニウムは高速増殖炉で発電用に利用することが想定され、準国産エネルギーとして位置づけられてきた。しかし現実には高速増殖炉「もんじゅ」は事故を起こし、廃炉が決まっており、プルトニウムサイクルの実現は大きく遠ざかっている。この「平和利用」で生み出されたプルトニウムは、いつでも原爆という軍事兵器に転用でき、国際的にはテロリストの標的になる危険性が高いだけでなく、日本は事実上の核武装をしているのではないかとの危惧をもたれている。

事故を起こした原発が信頼性を取り戻す道はひとつである。それは国内にある全原発を廃炉にするという方針と、その工程表を明確に打ち立てることである。2030年の電源構成が議論となっているが、依存率ゼロパーセントのシナリオを除けば、原発を廃炉にするのかあるいは維持するのかは明確でない▼3。また、全原発を廃炉にする方針をとったとしても、これまでに蓄積されてきた高濃度および低濃度の放射性廃棄物をどのように処理し処分するのかといった課題は、残り続けるだけでなく、次第に重くなっていく。使用済み核燃料はこれまではイギリスあるいはフランスにおいて再処理されてきている。国内における再処理は青森県六ヶ所村で行われることになっているが、トラブル続きで進んでいない。再処理されない使用済み核燃料は、六ヶ所村あるいは原発において中間貯蔵の状態のままになっており、その貯蔵の余力も少なくなっている。また、再処理で生まれる高濃度の放射性廃棄物の最終処分施設については、その設置のめどがまったく立っていない。

こうした厳しい状況のもとで、原災地域復興支援をどのように行っていく必要があるのか。国の復興構想会議は2011年6月25日に「復興への提言――悲惨のなかの希望」と題する、「復興構想7原則」を掲げた。原災にかかわっては「原則6：原発事故の早期収束を求めつつ、原発被災地への支援と復興にはより一層のきめ細やかな配慮をつくす」ことを提示している。同年6月24日制定の「東日本大震災復興基本法」を受け、7月29日には東日本大震災復興対策本部から「東日本大震災からの復興の基本方針」が出された。そのなかで原災に関しては「基本的な考え方」の7番目に「特に、原子力災害からの復興については、国全体としての強い危機意識を共有し、本方針において復旧・復興のための当面の取組みを定めるとともに、これに限ることなく、長期的視点から、国が継続して、責任を持って再生・復興に取り組む」ことを掲げている。「福島における原発事故から深刻な影響を受けた地域への対応については、原子力損害賠償法、原子力損害賠償支援機構法案の執行状況等を踏まえつつ、事故や復旧の状況に応じ、所要の見直しを行うこと」としている。

本書のもとになった2012年3月24〜25日の福島シンポジウム直後の、2012年3月30日に「福島復興再生特別措置法」が制定され、7月13日には復興庁から「福島再生基本方針」が出された▼4。この基本方針に対して福島県は基本理念の「原子力に依存しない社会」の明記など17点について強く要望し、そのほとんどが反映された▼5。本章では、「原災地域復興の5原則」▼6を提示し、原災被災地の福島の復興はどのように行われていくべきなのか、あらためて原災被災の原点に立ち戻りながら、また2011年7月に設置された福島大学うつくしまふくしま未来支援センター（以下、未来支援センター）での1年強の活動を振り返りながら考えたい。なお本章における説明内容のほとんどは、未来支援センターの専任・兼任研究員等の活動を参照していること、および福島大学災害復興研究所が実施した「平成23年度双葉8か町村災害復興実態調査基礎集計報告書（第2版）」（2012年2月14日）の集計データ（以下、双葉8町村調査）▼7を活用していることを明記したい。この調査は2011年9月から10月にかけて、浪江町・双葉町・大熊町・富岡町・楢葉町・広野町・葛尾村・川内村の双葉8町村の被災者の方々を対象に、各自治体の協力のもと、計2万8184世帯に郵送方式で行われ、1万3576世帯から回答を得ている。

2　安全・安心・信頼を再構築すること（第1原則）

1——どこに避難し、なぜそこを選んだのか

東日本大震災および原災による福島県民避難者は、福島県の調査▼8に

よれば、2011年9月時点で8万7686人であった。避難元の地域別構成をみると双葉地域が4万8948人と最も多い。これは8町村が警戒区域等に指示され、全町村民が避難したことによる。相馬地域は2万4715人が避難したが、これは南相馬市が場所によって警戒区域、計画的避難区域、緊急時避難準備区域、特定避難勧奨地点などに指示されたことによる。いわき地域は警戒区域等の指示はないが、津波や地震による被害があり、5971人が避難した。中通り地域は田村市、川俣町、伊達市の一部が警戒区域、計画的避難区域、緊急時避難準備区域、特定避難勧奨地点などに指示され、4902人が避難した。会津地域は制限区域等の設定はなく、避難者は皆無であった。避難者がどこに避難をして行ったのかをみると、県外60％が最も多く、これに中通り地域20％、会津地域16％が続き、いわき地域5％、相馬地域2％となっており、双葉地域は0％であった。避難者の居住形態は県外では住宅借上60％が最も多く、これに仮設住宅入居30％、借上住宅（一般）7％、2次避難所3％などが続いている。

避難者が避難先をどのように選択したのか。双葉8町村の調査から、避難先を都道府県別にみると、福島県が最も多く68・6％を占め、以下、埼玉県5・8％、東京都4・6％、茨城県3・1％、千葉県3・0％、神奈川県2・8％、新潟県2・3％、宮城県1・7％、栃木県1・6％であった。鳥取県を除き、北海道から沖縄県まで全国に避難している。世帯主を世代別で見ると、福島県外に避難している比率は20歳代38・7％、30歳代39・1％、40歳代28・7％、50歳代26・3％、60歳以上32・2％であり、おおむね小学生までの子育て世代が県外に、より多くそしてより遠くに避難している。また60歳以上の場合は県外の知人・親戚のところに避難している。避難先の居住形態別でみる福島県の比率は、仮設住宅96・5％が最も高く、これに民間借上78・9％、避難所64・8％が続き、親戚・知人宅や自己負担賃貸はそれぞれ39・2％と39・1％で低い。

県外における仮設住宅の居住比率が地域別で高いのは東京都1・2％で、他はいずれも1％未満であり、関東地方や隣接県など比較的狭域に分布している。民間借上住宅の県外分布は仮設住宅よりも広域であるが、おもには南東北から関東地方・新潟県である。県外で避難所入居率が高いのは埼玉県20・1％であり、ここには双葉町民が多く避難している。その都道府県別分布は仮設住宅よりは広域であるが、民間借上住宅よりは狭域である。親戚・知人宅が県外で多いのは東京都10・5％、埼玉県9・1％、神奈川県8・7％、千葉県7・0％であり、南関東に集中している。自己負担賃貸は茨城県15・3％、東京都8・9％、千葉県8・5％、埼玉県8・3％、神奈川県5・4％、宮城県3・1％、新潟県2・4％であり、南東北から関東地方・新潟県に多い。

なぜその避難先を選んだのであろうか。全体では「親戚・知人の近くだから（親戚の近さ）」の29・7％が最も高く、これに「放射能の影響が心配だから（放射能の心配）」23・1％、「職場が近いなど仕事の関係で（職場の関係）」22・1％、「行政指導により（行政指導）」15・5％、「経済的負担が少ないから（低経済負担）」15・5％、「学校など子どもの関係で（教育の関係）」15・3％と続き、「地区の人が一緒だから（地区の人が一緒）」7・7％は最も低かった。性別では、男性は職場の関係や行政指導が相対的に高く、女性は教育の関係や親戚の近さなどが相対的に高い。年齢別で高い理由は、10歳代では教育の関係が、20歳代では職場の関係、親戚の近さなどが、30歳代では職場の関係、親戚の近さ、教育の関係が、40歳代では教育の関係、職場の関係が、50歳代では職場の関係が、60歳代以上では親戚の近さ、放射能の心配、行政指導、低経済負担、地区の人が一緒など、それぞれ全体の平均値よりも高い。

居住形態別で選択率が高いのは、避難所では行政指導と低経済負担、仮設住宅では行政指導と地区の人が一緒などである。親戚・知人宅では当然のこととして親戚の近さ、民間借上では職場の関係と教育の関係が、自己負担賃貸では職場の関係と親戚の近さなどであった。このように双葉8町村からの避難者の場合は、避難場所を選択するときに、放射能の影響への心配もさることながら、職場、教育、経済的負担などが考慮され、居住選択として民間借上や自己負担賃貸が選ばれている様子を知ることができる。町村別で特異性があるのは、双葉町における避難所13・2%、葛尾村における仮設住宅58・7%である。双葉町の避難所率の高さは埼玉県加須市の旧高校校舎への入居である。葛尾村の場合には三春町の仮設住宅への組織的な避難が可能であったことを反映している。

2——なぜ戻らないのか、どうすれば戻るのか

もとの町村に戻りたくない理由は何なのか。第1位の圧倒的に多い理由は「放射線汚染の除染が困難だと思われるため（除染困難）」で8割を超え、これに「国の安全宣言レベルが信用できないため（国への

不信）」や「原子力発電所の事故収束に期待できないため（原発収束期待薄）」が6割台、「今後の生活や資金面で不安があるため（生活費不安）」が4割台で続いている。戻りたくない理由の分布は、性別では大きな違いはないが、年齢別ではいずれの理由も40～50歳代をピークとする曲線を描く。除染困難、国への不信、原発収束期待薄などは、居住形態別ではおおむね民間借上、避難所、自己負担賃貸、仮設住宅、親戚・知人宅の順に高い。生活費不安が相対的に高いのは、男性よりも女性、年齢別では50歳代、居住形態別では避難所や仮設住宅においてである。「他の家族が反対している」という理由が相対的に高いのは、10歳代と60歳代以上、親戚・知人宅などにおいてである。「すでに新しい仕事を見つけたため」の選択率が高いのは、年齢的には若く、居住形態別では自己負担賃貸や親戚・知人宅である。

双葉8町村は、2012年4月～8月にかけて、年間累積放射線量の基準により警戒区域等が帰還困難区域、居住制限区域、避難指示解除準備区域に再編され、それぞれ帰還・復旧・復興計画に本格的に着手している。これに避難民はどのように反応していくのであろうか。双葉8町村調査の結果によれば、「あなたは元の居住地がどのような状況になったら戻りますか」との問いかけに対して、全体では、「国が示す安全なレベルまで放射線量が下がればすぐにでも戻る（放射線量低下）」はわずか4・3％にすぎなかった。これに「上下水道、電気ガス等の生活インフラが整備されてから戻る（インフラ整備）」（15・8％）を加えても2割にすぎない。「国や自治体による十分な除染計画が策定・実施されれば戻る（除染実施）」（20・3％）がこれらに追加されるとやっと4割になる。最後の決め手は「他の町民の人々がある程度戻ったら戻る（同、他町民帰還）」（24・8％）であり、これでやっと65％程度に到達する。しかし問題は「戻る気はない」が4分の1を占めていることである。

戻る条件が厳しいのは40歳代以下の若中年層、民間借上や自己負担賃貸に居住している人々、および女性である。とくに20〜30歳代では4割を超える人たちが「戻る気はない」のである。戻る気がない理由の順位には町村による差はない。ただし、町村別に戻る条件を確認すると、楢葉町では「放射線量低下＋インフラ整備」、広野町・川内村・葛尾村では「放射線量低下＋インフラ整備＋除染実施」、浪江町では「放射線量低下＋インフラ整備＋除染実施＋他町民帰還」という組み合わせがそれぞれ多くを占めている。そして富岡町・大熊町・双葉町は「戻る気はない」が最も高い。それぞれの放射線量の分布の違いが色濃く映し出されているのである。

3——安全・安心を確保するにはどうすればよいか

このように分散的に避難した理由はなによりも放射線被曝に対する不安であり、避難先の選択は基本的にはより遠くにである。それは年齢差や性差によって職場や子どもの教育などの影響が違っており、民間借上や自己負担賃貸など分散的な居住の選択が行われている。職場や子どもの教育という縛りが弱い高年齢層では、避難所あるいは仮設住宅に入居する傾向にある。戻りたくない理由の基本は除染が困難であるとか、原災対応での国や東京電力に対する不信にある。この不安を解消するためには放射線量の低下といった「安全」の確認だけでは十分ではなく、みんなが戻ればというダメ押し的な「安心」が求められている▼9。

こうしたことから、原災に対する安全・安心が実現されるためには、以下の諸点が確保されなければならない。

▼基本理念として原子力に依存しない社会の実現を掲げること。
▼全原発廃炉の決定と工程表を明示し、原発の新規立地と再稼働を認めないこと。
▼原発事故・被害・予測・収束情報を完全開示し、原災が人災として起こりうることを明確にすること。
▼帰還・復旧・復興に向け詳細な放射能汚染地図を定期的に作成すること。
▼低線量内外部被曝に関する基準を厳格化し、放射線量のユビキタス的検査体制を整備すること。
▼原災地域住民および除染作業従事者に被曝手帳を配布し、低放射線量の影響にかかわる長期的な追跡健康調査を行い、診断・治療にかかわる経費を全面的に保障すること。
▼除染作業で発生する放射性廃棄物の仮置・中間貯蔵に関する工程明示し、中間貯蔵地については最終処分地としないためにも、低レベル・高レベルに関係なく放射性廃棄物の移動については双葉地域のみを対象とし、域外からの搬入を禁止すること。
▼廃炉終了以前においては、原災地域防災計画を「逃げる」を基本とし、避難生活における負担を全

面的に保障すること。

3 被災者・避難者に負担を求めず、未来を展望できる支援を促進すること（第2原則）

1――現在および今後の困りごとは何か

避難先での双葉8町村民の生活問題はどうなっているのであろうか。「現在での生活の困りごと」と「今後の生活での困りごと」（以下、困り度）とを対比しながら、生活問題がどこにあるのかを探っておこう。

双葉8町村の場合、現在の生活で困り度が最も高いのは「放射能の影響が心配」56・5％であり、他の問題よりも頭抜けている。以下、「生活費が足りない」、「居住のめどが立たない」などが3割台、「仕事がない・事業困難」、「健康や介護度が悪化した」、「周りの人との人間関係」などが2割台、「家族関係が悪化した」、「子どもの学校など」が1割台で続いている。「今後の困りごと」は、「避難の期間がわからないので何をするのか決められない」が56・2％で第1位にあり、以下、「今後の住居に関してどこに移るかめどが立たない」、「放射能の影響がないか心配」が4割台、「生活資金のめどが立たない」が2割台、「元居住地の知人・友人とのつながりを維持できるか不安である」、「子どもの教育に関して心配である」、「避難先での職が見つからない」、「周りの住民とうまくいくかどうか不安である」などが1割台で続く。このように生活の困り度は「現在」では「放射能問題」が中心であるが、「今後」ではいろいろ問題はあるものの、すべては「避難の期間がわからない」ことに集約される。

「困り度」に関して「現在」と「今後」で共通する項目（ただし一部は合算）を比較し、問題関心の変化の兆しをみておこう。全体としては、問題関心の重点は「放射能の影響」（56・5％→46・1％）を強く引きずりながらも、「居住と移転先のめど」（32・6％→48・0％）に移っていく。「放射能の影響」比率は、10歳代を除き、すべての属性において低下する。とくに性別では女性よりも男性のほうで、年齢別では年齢層の高いほうで、居住形態別では避難所や仮設住宅、民間借上で大きく低下していく。

これに対して「居住と移転先のめど」の困り度は、「現在」から「今後」にかけて、いずれの属性でも上昇していく。性別ではそれほどの較差はみられない。しかし、年齢別では年齢が高くなるほど「現在」と「今後」との間での困り度の較差は大きくなる。比率が最も高くしかも較差が大きいのは50歳代である。居住形態別で困り度の較差が最も大きくなるのは民間借上（プラス20ポイント）においてであり、以下、自己負担賃貸（プラス16ポイント）、仮設住宅（プラス12ポイント）、親戚・知人宅（プラス7ポイント）、避難所（0ポイント）と続く。このなかには、仮設住宅を代替する民間借上住宅制度がいつまで続くのかへの不安が含まれている。

今後の生活問題として第3位にあがっている「生活資金のめど」は、全体では困り度が若干低下（マイナス4ポイント）していく。年齢別では20～40歳代において困り度はマイナス10ポイント程度と比較的大きく低下する。10歳代ではプラス3ポイントの上昇がみられ、また60歳代以上では較差がマイナス1ポイントにとどまり、困り度解消の見込みはみられない。居住形態別での困り度は、自己負担賃貸（マイナス8ポイント）、民間借上（マイナス5ポイント）、親戚・知人宅（マイナス4ポイント）では低下するが、仮設住宅（マイナス0・8ポイント）ではほとんど低下せず、避難所（プラス0・2ポイント）ではむしろ上昇する。

「仕事・事業問題」に関する困り度は、全体としてはマイナス6ポイントの減少をみせる。性別では男性よりも女性での低下が相対的に目立つ。年齢別では50歳代をピークとする困り度の分布曲線は変わらないものの、不安の低下と平準化とが進む。居住形態別では避難所、仮設住宅、民間借上の順で困り度は高く、全体として低下するものの、その順位は変わらない。

「周りの人間関係」の困り度は、「現在」から「今後」にかけて半減していくと予想される。性別では女性よりも男性の低下が大きい。年齢別の困り度曲線は「現在」では20～30歳代がピークで、「今後」では全体として低下し、とくに10歳代と40歳代で大きく落ち込むという曲線に変化する。居住形態別では民間借上や自己負担賃貸で困り度の低下が大きく、これに仮設住宅と親戚・知人宅での低下が続く。困り度の低下が相対的に小さいのは避難所であるが、「今後」の「周りの人間関係」の困り度は最も高い。

「子どもの学校・教育」における困り度は「現在」から「今後」にかけての較差はマイナス0・8ポイントであり、それほど小さくならない。性別ではいずれもわずかではあるが、男性は低下するものの、子どもの教育の見通しを心配する女性は上昇する。年齢別では30歳代をピーク（39・9％）とする困り度曲線の形態には変化はないものの、いずれもわずかではあるが、30歳代以上では低下し、10～20歳代では上昇する。居住形態別では親戚・知人宅以外はいずれもマイナス1ポイント程度減少する。

2――生活設計は本当に可能か

現在の生活設計はいかなる手段でやりくりしているのであろうか。全体では義捐金や仮払補償金80・7％の貢献度が著しく高い。次いで年金・恩給39・2％、勤労収入34・0％、貯金34・0％である。性別では男女間での差は小さい。年齢別では義捐金や仮払補償金の寄与度は10歳代を除けば、いずれの年齢層も8割前後と高い。勤労収入の寄与度は20～50歳代で5～6割であり、10歳代と60歳代以上は低い。貯金の寄与度は10歳代の2割台を除けば、いずれの年齢層も3割台にある。年金・恩給の寄与度は60歳代以上で7割台であり、他の年齢層は1割未満である。居住形態別で相対的に目につくのは、避難所、仮設住宅、親戚・知人宅は年金・恩給の寄与度が4～5割台にあることであり、民間借上や自己負担賃貸では勤労収入の寄与度が4割台にあることである。

こうした厳しい生活状況は、震災前後の就業動向からもわかってくる。無職の比率が全体としては28％から54％へと約2倍増となっている。震災前の無職のほとんどは定年退職等であると思われ、増加分は原災にともなう失業である。このことは会社員の比率がマイナス13ポイント（33％→20％）、自営業がマイナス11ポイント（15％→4％）、パート・アルバイトがマイナス5ポイント（9％→4％）、公務員（4・4％→3・6％）と団体職員（2・1％→1・4％）がいずれもマイナスとなっていることからも確認できる。とくに会社員、自営業、パート・アルバイトなど民間部門で失業が大きく増加している。性別では、男性でプラス25ポイント（23・9％→48・6％）、女性でプラス29ポイント（36・1％→64・8％）で、女性の失業が目立って増加している。女性の雇用は会社員と団体職員では2分の1に、自営業とパート・アルバイトでは4分の1に減少している。無職比率はどの年齢層でもほぼ同じ程度で上昇している。

3——避難者の健康は大丈夫なのか

避難生活における健康問題は楽観できない。2011年9月〜10月にかけての心身の状態をみると、心身の状態に関する質問5項目のいずれにおいてもよくない。「日常生活の中に、興味あることがたくさんあったか」との問いに対して、「いつも」「ほとんどいつも」「半分以上の期間」など肯定的な回答は約5分の1にとどまり、「半分以下の期間」「ほんのたまに」「まったくない」など否定的な回答が4分の3を占めている。回答は、「ぐっすりと休め、気持ちよく目覚めたか」や「意欲的で、活動的に過ごしたか」、「落ち着いた、リラックスした気分で過ごしたか」、「明るく、楽しい気分で過ごしたか」という質問項目の順に肯定的な比率が若干拡大し、否定的な回答が若干縮小している。

「ぐっすりと休め、気持ちよく目覚めたか」への回答状況は、全体では「いつも」2・7%、「ほとんどいつも」7・3%、「半分以上の期間」14・0%、「半分以下の期間」18・1%、「ほんのたまに」25・8%、「まったくない」27・6%という分布であり、肯定的な回答は約4分の1で、否定的な回答が約4分の3を占めている。これを性別、年齢別、居住形態別でみると、肯定的な回答率が相対的に高いのは、女性、親戚・知人宅、10歳代、自己負担賃貸、20歳代、50歳代であり、逆に否定的な回答率が高いのは、避難所、30歳代、40歳代、仮設住宅などである。こうした傾向は他の4つの心身の状態に関する回答分布にもみられる。

4――負担を求めず、未来を展望できる支援を

被災者・避難者の生活関心の重点は、避難生活から仮設生活へ移動したこともあり、放射能への心配から次第に生活資金、そして居住先や移転先の心配へと移ってきている。どのような生活設計を組み立てるのか、とくに子どもの学校・教育をどこでどのように受けさせようとするのか、子育て世代の悩みは大きい。とくに避難生活や仮設生活がいつまで続くことになるのか、そのめどが立たず、再出発に向けての個人的な準備に取りかかれない。しかも多くの避難者は被雇用者あるいは自営業者にかかわらず職や業を失っており、生活資金を義捐金や仮払賠償金の受け取り、年金の受給、貯金の取り崩しなどによって凌いでいる。居住形態別では自己負担賃貸や民間借上の居住者は生活問題で若干の改善がみられるが、避難所や仮設住宅では改善は進んでいない。生活設計が組み立てられないだけでなく、健康問題も楽観できない。生活問題や健康問題は避難所や仮設住宅では心配であり、自己負担賃貸に居住できる階層は所得に余裕があるためか困り度が相対的には減少している。

原災避難者の建物はたとえ地震によってあまり痛んでいなかったとしても、警戒区域等の制限区域に指示されることで一時帰宅が制限され、雨漏りや動物等の侵入などによって痛みが増し、本格的に修理

しなくては居住することができない。また住宅・事業ローンなどが残っている場合が多く、帰還先で住宅再建をするにしても、あるいは移転地で住宅を確保するにしても、二重ローンは避けられない。生活の再出発においては資産格差があからさまに表に出る。この資産格差はやがて次世代の教育格差をもらし、社会的遺伝子として貧富の格差として引き継がれることとなる。原災被災者だけでなく、地震・津波被害者に対して長期的な保障を欠かしてはならない。被災者・避難者に負担を求めず、未来を展望できる支援を促進するためには、少なくとも以下の諸点が確保されなければならない。

▼東京電力と国による全面的かつ地域別での格差づけのない被害補償と包括的な生活の再建を義務づけること。
▼事業再開および雇用確保につながる金融、研修に関する全面的な支援を行うこと。
▼仮設・借上住宅等からの原居住地・仮の町等への帰還居住あるいは他所へ移住する選択の権利の拡大と保障を行うこと。
▼被災者の定期健康診断の実施、検査・治療にかかわる医療費を完全無償化すること。
▼被災者子息の後期中等・高等教育を含む教育を無償・無負担で受ける権利を保障すること。

4 地域アイデンティティを再生すること（第3原則）

1——戻りたい理由は何か

故郷に戻らない人がいる一方で、戻りたい人たちも数多くいる。戻りたい理由は何なのか。全体では「暮らしてきた町なので愛着があるため」が6割強で最も高く、これに「先祖代々の土地や家、お墓があるため」が6割弱、「地域の人たちと一緒に復興していきたいと思うため」が4割、「地域での生活が気に入っているため」が4割弱で、「見ず知らずの土地で生活環境が大きく変わることに不安があるため」が3割台、「他の場所に移るあてがないため」が3割弱で続いている。これらの理由のほとんどは、いわゆる地域アイデンティティとしてまとめることができよう。

地域アイデンティティについて、性別の違いをみると、わずかな差ではあるが、男性は「暮らしてきた町なので愛着があるため」、「先祖代々の土地や家、お墓があるため」、「地域の人たちと一緒に復興していきたいと思うため」、「地域での生活が気に入っているため」、「他の場所に移るあてがないため」などが相対的に高く、女性は「見ず知らずの土地で生活環境が大きく変わることに不安があるため」が相対的に高く出ている。年齢別でみると、いずれの質問項目も年齢が高くなるにつれて選択率がおおむね高まっていて、高齢者になるほど地域へのアイデンティティが強くなることを示している。居住形態別では、避難所と仮設住宅を除けば、全体の傾向とほぼ一致する。なお、避難所の特異性は「見ず知らずの土地で生活環境が大きく変わることに不安があるため」が、また仮設住宅の特異性は「他の場所に移るあてがないため」が、それぞれ相対的に高く現れている。

2――では、いつまで待てるのか

では、帰還までどのくらい待てるのか。全体では1年以内が12・0％、1～2年以内が34・8％、2～3年以内が22・1％、3～5年以内が10・5％、いつまでも待つが13・5％であった。性別では女性よりも男性のほうが、ほんのわずかではあるが、待てる期間は短い。待てる期間は年齢別では年齢が高くなるほど短い。また、居住形態別では待てる期間は親戚・知人宅で最も短く、仮設住宅、自己負担賃貸、民間借上、避難所の順で短い。それぞれお世話になっている人への気兼ね、避難前に比べての居住空間の狭さ、いずれくる家賃自己負担化への不安などが錯綜して、回答に現れている。もちろんここでの回答は戻ることが前提となっている。

警戒区域等の制限区域に指示された地域のうち、広野町全域、田村市都路地区、南相馬市小高地区（山沿いを除く）、川内村下川内地区（一部を除く）は2012年4月に避難解除準備区域に指定替えされた。飯舘村は2012年7月に計画的避難区域が帰還困難区域、居住制限区域、避難解除準備区域に3区分され、楢葉町は2012年8月にその面積の8割が避難解除準備区域に再編された。葛尾村は村面積の8割が計画的避難区域から避難準備解除区域に再編されることになり、帰村希望等のアンケート調査を9月に行うこととした。大熊町は3区分案を7月27日住民に説明したが、全21行政区のうち18行政区の全域または一部が最低5年は戻れない帰還困難区域に設定された。帰還困難区域の人口は町人口の95％を占める。富岡町は9月1～2日にいわき市いわき明星大学および郡山市ビッグパレットふくしまで住民説明会を開き、東京電力福島第1原発事故にともなう避難区域の再編案を住民に示した。また、浪江町は3つの区域割りを10月中に決める意向を固めた。町民の帰還は賠償額が平等になる2017年3月以降になる。それは賠償基準では避難指示解除が事故から6年以上経過した場合、不動産の賠償額は3区域とも同一の全損扱いになるからである。双葉町については制限区域の再編成の動きはみられない。このように町村別では1年以内の選択率が相対的に高いのは川内村や広野町など避難解除準備区域を多く抱える地域であり、3年～5年以内を選択する比率が相対的に高いのは双葉町や大熊町、富岡町、浪江町などである。

3――さしあたりどこに戻るのか

住んでいたところに戻れるのか戻れないのか、また戻れないとしたら、さしあたりどこに住むのか。このことは再編される地域区分が少なくとも5年間は戻れない帰還困難区域なのか、2年程度は戻れない居住制限区域なのか、戻ることができる避難解除準備区域なのかによって異なる。

どこに戻るかの質問に対する回答を双葉8町村全体で見てみよう。最も多いのは双葉郡に隣接する自治体の38・5％であり、これに双葉郡隣接以外の中通り・会津地区の自治体の18・2％が続く。福島県外は10・1％で、双葉郡内は6・9％であった。性別では中通り・会津地区を選択する比率が女性よりも男性で高くなっている。年齢別では10歳代を除き、いずれも双葉郡隣接自治体を選択する比率が高い。

とくに40~50歳代ではその選択率が4割を超えている。同様の分布傾向は、比率は低くなるものの、中通り・会津地区でもみることができる。福島県外を選択するのはより若い年齢層であり、とくに10歳代では2割強を示している。まだ決めかねている比率が比較的目立つのは20~30歳代である。居住形態別では、いずれも双葉郡隣接自治体が第1位となり、民間借上43・8%、避難所39・4%、仮設住宅37・1%、自己負担賃貸34・1%の順に高い。中通り・会津地区を選択する比率が相対的に目立つのは民間借上、仮設住宅、避難所で、福島県外を選択する比率が相対的に目立つのは、自己負担賃貸、親戚・知人宅であり、双葉郡内の自治体を選択する比率が目立つのは仮設住宅15・0%である。

これを町村別でみると、広野町と楢葉町は双葉郡隣接自治体（いわき市など）への選択率が6~7割を占めるが、富岡町と大熊町は4割台であり、双葉町が3割台、浪江町と川内村は2割台、葛尾村は1割台であった。これに対して中通り・会津地区への選択率は葛尾村が最も高く3割台、これに浪江町と川内村が2割台、双葉町と富岡町と大熊町が1割台となっている。こうした選択率の違いは、いわき市や中通り・会津地区へのアクセス手段としての交通の条件を反映している。福島県外への比率が比較的目立つのは双葉町や大熊町や浪江町であるが、いずれも放射線量が高い町である。とくに双葉町は役場を埼玉県に移していることの影響が大きい。これに対して川内村や葛尾村は双葉郡内の自治体を選択する比率が1割を超え、自村内を想定している。

4——地域アイデンティティをどう再生するか

間主観共同体としての地域アイデンティティは、地理学の研究成果によれば、自然と人間との相互作用により歴史的に醸成されてきた自然・建造物・文化環境が地域という枠組みで整合性や調和性をもつことで強まる▼10。多くの住民が望むのは、当り前としてあった地域の再生であって、枠組みそのものを大きく変える「創造的復興」ではない。こうした観点から、地域アイデンティティの再生にあたっては、以下の諸点が重要となる。

▼原風景再生を基本とし、緑の生態系を重視する自然豊かなまちづくり。
▼地域固有の伝統的文化的価値の維持と祭りの継続。
▼自治会（仮設住宅居住者）・広域自治会（借上住宅等居住者・県外避難者）の設立を基軸としたコミュニティの再生。

5 共同・協同・協働による再生まちづくり（第4原則）

1——まちづくりはコミュニケーションの充実から

避難民はどのように情報を入手しているのであろうか。まちづくりにおいて情報入手やコミュニケーションの取り方は重要な位置を占めている。双葉8町村調査によれば、全体では県・町村広報誌（紙）などの紙媒体を希望している人が73・3％と高い水準にある。これに郵便、テレビ、新聞などが3割台、役場職員による直接説明が2割台で続いている。県・町村のウェブサイト、電話、インターネットは1割台である。また、回覧板・掲示物やラジオ、ファックスなどは1割未満である。希望する情報媒体は男女間の差は少ない。年齢別でみると、年齢層が高くなるにつれて希望率が高くなっていくのは、広報誌、新聞、電話、回覧板・掲示物、ファックスなどアナログ媒体であり、逆に年齢層が低いほど高くなるのは、県・町村のウェブサイト（ただし10歳代は除く）、インターネット（ただし10歳代は除く）、電子メールなどのデジタル媒体と郵便である。なお、ラジオは10歳代が最も高く、年齢が上がるに対応して緩やかにではあるが高くなる。居住形態別で相対的に目立つのは、集住型である避難所と仮設住宅では役場職員による直接の説明や回覧板・掲示物といったアナログ型の希望である。これに対して散住型である親戚・知人宅、民間借上、自己負担賃貸ではウェブサイト、インターネット、電子メールなどのデジタル型の希望が相対的に目立っている。

2――復興に向けて重要なこと

復興当局と被災者との間でのまちづくり観の基本的な違いは、復興当局が「創造的復興」を掲げ、被災者が「以前の生活再生」を求めているところにある。創造的復興とは、まちづくり計画当局が都市計画として策定したものの、地権者との合意の困難さや財政上の理由で隘路に直面して予定通り進んでいなかったものだが、復興特区制度の活用により土地利用規制の緩和が可能となること、また復興財源措置で財政上のめどが立つ可能性が出てきたことなどを「千載一遇のチャンス」ととらえ、復興計画の中に積極的に位置づけて、推進しようとしているものである。これには復興まちづくりを進めることでビジネスチャンスを獲得することのできるコンサルタントや不動産業者、さらには土建業者などもかかわっている。

これに対して、被災者はどのようなまちづくりを志向しているのであろうか。双葉8町村調査結果によれば、「復興に向けて重要だ」と思うことは、全体としては、第1が「双葉地方全体の復興計画づくり」46％であり、これに「若い世代の雇用確保などの産業振興」43％、「高齢者施設や医療施設の充実」31％などが続く。第1位の「双葉地方全体の復興計画づくり」は「双葉地方の合併」を意味するものではない。なぜなら他の回答項目としての「双葉地方の合併」を選択しているのは12％にすぎないからである。「双葉地方全体の復興計画づくり」の選択率は性別では男性が、年齢別では50歳代が高く、居住形態別では民間借上で高い。ただし、居住形態別では年齢別ほどの差はない。第2位にある「若い世代の雇用確保などの産業振興」は、性別による大きな差はないが、年齢別では20歳代が53％と飛び抜けて高く、居住別では民間借上が45％で高い。第3位の「高齢者施設や医療施設の充実」は、性別では女性が33％で高く、年齢別では60歳代以上が45％、居住別では親戚・知人宅が39％で高い。

3——若い世代はふるさと復興をどう考えているのか

若い世代（13〜39歳）はふるさとの復興に向けて何が重要だと考えているのか。全体としては「放射線量調査と除染活動」が第1位で、84・4%と非常に高い。第2位は「産業や雇用の場の確保」で、69・6%である。第3位は「若い世代が住める住宅の確保」で、46・4%である。「身近な生活圏での買い物の場」は28・4%であり、「若い世代が復興について話し合える場」はわずか13・1%にとどまった。町村別では川内村と葛尾村が特異性を見せている。川内村では「買い物の場」が55・0%と平均値の約2倍に、葛尾村では「若い世代が住める住宅の確保」が64・2%と平均の約1・5倍となっている。これらの特異性は、選択肢が3つあることから、第1位と第2位はどの町村も共通しており、第3位の選択に地域性が出たと思われる。

4――まずは行政機能の正常化を

国の復興構想には、復興まちづくりにおいては減災対応だけでなく、「自助・共助・公助」が掲げられ、「共助」の重要性が強調されている。また、国の復興構想は復興事業の担い手として「市町村主体」を前面に押し出しており、「市町村が、復興の選択肢をその利害得失を含め、地域住民に示し、その上で、地域住民、関係者の意見を幅広く聴きつつ、その方向性を決定しなければならない」としている。しかし、従前からの共同体は少子高齢化や過疎化・空洞化によって孤族化が進んでいることから、「共助」はボランティアやNPOに期待をかけている。

また、今回の震災・原災で明らかになったことは役場機能の弱体化が避難・復旧・復興の活動をいちじるしく遅らせていることである。そのため、事業実施に向けては「まち・むらづくり協議会」といった公的主体とともにボランティア・NPOなどが主導する「新しい公共」としての「まちづくり会社」などが提唱されている。しかし、震災・原災地域では主体となるべき町村役場が町村外あるいは県外に移転しており、役場を帰還させる動きはあるものの、行政機能は回復していない。したがって、まずは役場機能そのものを強化あるいは補完していかなければならない。役場機能の強化のうちで最も重要なのは、避難住民との対話機能である。私的活動は公共サービスから切り離されては十分には機能しない。また、私的活動を包括的に支援できない公共サービスでは役に立たない。私・共・公の活動がうまくかみ合うことで、円滑な復旧・復興が可能になる。

▼役場機能の強化と拡充を図るために職員の増員と自治体間の協力（ペアリングシステム）を強化すること。
▼民産学官による住民協働の復興まちづくりを促進のための「場」を設定すること。
▼住民の自主性や内発性を基本とし、健康・買い物・スポーツ・文化・学習等の交流拠点を設置すること。
▼金融・郵便・宅配・買い物サービスや医療・介護・福祉サービスなど各種サービスをワンストップあるいはオンデマンドで受け取る仕組みを確立すること。

▼居住制限区域・帰還困難区域住民の復興公営住宅のあり方と避難先におけるまちづくりとの連携の強化。

6 脱原発・再生可能なエネルギーへの転換を国土・産業構造の転換の基軸とすること（第5原則）

1——脱原発と地域経済

脱原発という明確な政策的なメッセージがあれば、かつてマスキー法に上乗せした排ガス規制によってかえって日本の自動車産業が発展したように、産業のグリーン化は発展していくことになろう。すでに地球温暖化対策に向け、再生可能エネルギーの発電や送電、さらには消費電力節約に向けた技術開発は、スマートメーターと総称されるように進んできている。遅れているのは発送電の一元的な地域独占を容認してきた電力政策を、送電網の公的管理と多様な形態の電力会社の参入を容認することへと転換することである。また、国土政策の課題はエネルギー生産・消費における規模の経済を基盤とする広域的集中型から、連携の経済を基盤とする分散的な地産地消型への転換である。東日本大震災と東京電力福島第1原発破綻とが地域経済政策のあり方に投げかけている課題は、エネルギーの地産地消への転換である。再生可能エネルギーへの転換は地域における自然と人間諸活動との循環性を強化するものであり、水や食料などの地産地消化を促進する原動力ともなる▼11。

2——原発地域は産業復興に何を期待するのか

すでに述べた「復興に向けて重要なこと」について、再度、産業復興に重点をおいて分析しておこう。「復興に向けて重要なこと」にかかわる関心の相対的な違いを性別でみると、男性は産業・雇用の復興、企業・研究施設誘致、再生可能エネルギーの拠点づくりなどに関心が高く、女性は住宅・教育・高齢者施設などの建設促進や充実に関心が高い。年齢別では、若年世代は教育施設、再生可能エネルギーの拠点づくり、中長期的復興計画に、子育て世代は雇用確保、住宅建設、教育施設に、高齢者世代は第1次産業復興、高齢者施設など、集落単位や双葉地方全体での復興計画づくりに、それぞれ相対的に強い関心がある。

居住形態別では、避難所で全体平均よりも高く現れている項目は、公営住宅などの建設、高齢者施設などの充実、双葉地方の合併、集落単位の復興計画などである。仮設住宅で相対的に高く現れているのは、第1次産業の復興、公営住宅などの建設、高齢者施設などの充実、集落単位の復興計画などである。親戚・知人宅では、第1次産業の復興、再生可能エネルギーの拠点づくり、高齢者施設などの充実、中長期的な復興計画、双葉地方全体の復興計画などが全体平均よりも高い。民間借上では、雇用確保、企業誘致、再生可能エネルギーの拠点づくり、双葉地方の合併、双葉地方全体の復興計画などが全体平均よりも高い。自己負担賃貸では、第1次産業の振興、企業誘致、中長期的な復興計画、双葉地方全体の復興計画などが全体平均よりも高い。

町村別で特徴をみると、産業振興・雇用確保については、「農林水産業などの第1次産業の復興」が広野町、川内村、葛尾村で、「若い世代の雇用確保などの産業振興」が広野町、楢葉町、川内村で、「工場などの企業誘致」が川内村、広野町、楢葉町、浪江町で、「再生可能エネルギーの拠点づくり」が広野町、楢葉町、富岡町、大熊町で、それぞれ相対的に選択率が高い。インフラ整備については、「公営住宅や住宅建設の促進」は大熊町、双葉町、浪江町で、「学校や教育施設の整備」は広野町、楢葉町、川内村で、「高齢者施設や医療施設の充実」は広野町、楢葉町、富岡町、川内村、楢葉町で、それぞれ相対的に高い。

3——産業のグリーン化と日本の国土構造

東電の原災前のエネルギー戦略の基本は「経済効率性の追求（安価化）」「エネルギーセキュリティの確保（準国産化）」「環境への適合（CO_2削減）」であり、産業のグリーン化とは基本的には二酸化炭素排出量の大幅削減である。それは2030年までに原発依存率を50％にまで増やすというエネルギー政策であった。しかし、原災以降、エネルギー戦略の視座に「安全・安心」が追加され、2030年までの電源構成について3つのシナリオが作られ、国民的議論が始まっている。3つのシナリオとは、原発依存度を「ゼロ」「15％」「20〜25％」を目標に置き、「原子力の安全確保」「エネルギー安全保障の強化」「地球温暖化問題解決への貢献」「コストの抑制、空洞化の阻止」という4つの視点から「2030年の姿」を描こうとするものである[▼12]。

このシナリオは、基本的には日本のエネルギー戦略にかかわるものであるが、そのいずれを選択するかは、それにとどまるものではない。再生可能エネルギーへの依存度を高めることは、地域資源の見直しと危機管理に脆弱な一極集中型の国土構造の転換を必然的に求めることになる。原発エネルギーと化石エネルギーの依存度を下げ、再生可能エネルギーへの依存度を大幅に高めるというエネルギー戦略の転換は、通信・情報技術の進展とも相まって、産業構造においては多消費型から省エネルギー型へ、産業立地においては一極求心のピラミッド型から多極離心のフラット型へ、まちづくりにおいては自家用自動車依存のスプロール型から公共交通と歩いて暮らせるコンパクト型へ、電力エネルギー生産流通体制おいては一極集中・一元管理型から地産地消・多元調整型へ、生活様式における大量消費型から省エネルギー型へ、さらには都市から農村への人口回帰といった国土政策、産業政策、地域政策、社会政策の転換をもたらすことになる。

こうしたことから「脱原発・再生可能なエネルギーを基軸とする国土・産業構造を転換する」原則においては、以下の諸点が重要になるであろう。

▼エネルギー基本戦略として「シナリオ・ゼロ」を採用し原発の再稼働・新規立地をやめること。
▼原発廃炉技術の確立に向け国際的研究機関との連携強化とともに担当する人材育成拠点を設置すること。

▼再生可能エネルギー発電機等の製造・組立拠点を形成するとともに、再生可能エネルギー発電にかかわるメンテナンス人材の育成、そのための教育・研修拠点を整備すること。
▼送電網の充実による発送電分離、および再生可能エネルギーの9電力会社による買取り義務と固定買取り価格制度の円滑運用により、エネルギーの地産地消を促進すること。
▼農林漁業をはじめとする地域資源の見直しと食糧自給率を高める土地利用制度への転換を図ること。
▼エネルギー節約の生活様式の確立にかかわり、都市地域における諸機能のコンパクト化と農村地域におけるワンストップサービスの拠点整備と移動負担軽減を図ること。

7 おわりに

本章は、原災被災地の復興のあり方を、うつくしまふくしま未来支援センターの活動や日常的な経験を踏まえ、「グランドデザイン」として5つの原則にとりまとめたものである。原災からすでに1年と7ヵ月が経過している。現地においては除染作業や今後の復興計画の実施を見込んだ原災・震災復興特需が生まれてきてはいるが、原災被災者の生活再建は遅々として進んでいない。とくに生活基準における原子力損害賠償は、その制度的仕組みは示されているものの、それがいつ支払われるのかについての見通しが明確でない。また、一括支払い以前に再就職や事業再開を行うと賠償金請求に不利になるのではないかとの憶測が、原災被災者の生活再建を消極的にさせていることも事実である。

原子力賠償金が一括支払いされ、行政レベルが「仮の町」「時限の町」「セカンドタウン」など集合住宅的な復興公営住宅を準備したとしても、現実には、民間借上住宅や自己負担賃貸住宅で分散的に居住してきている被災者にとっては、十分な受け皿とはなりえない。これまでとは異なった「分散型」の復興公営住宅が準備されなければならない。また、準備されたとしてもそこにいつまでとどまるのかは世帯構成によって流動的にならざるをえない。子育て世代は子どもの教育などの将来を考え、3歳刻み▼13でその居住行動を変化させる可能性がある。こうした流動する被災者をどのように支援していくのか、避難先の市街地空地に分散型の復興公営住宅を配置するなど、避難者の生活改善と受入れ自治体のまちづくりとをうまくリンクさせることが必須となろう。

また、被災地地域復興にあたっては、政府・自治体からの直接的な財政支援だけでなく、原災地域復興のための市民基金制度を確立して、原災一括支払賠償金の長期的かつ計画的な運用を可能とし、原災被災者や被災地域のために活用することが望まれる。かつて電源三法交付金が原発立地地域住民の考え方を受け身にしてしまったことを反省しつつ、政府・東電に原災責任を果たさせながら、地域経済社会の自立・自律への道を歩んでいくために、それは必要なことであろう。

謝辞——本章は2012年3月に福島市で開催された経済理論学会・経済地理学会・日本地域経済学会・基礎経済科学研究所共催による「震災・原発問題シンポジウム」における報告「原発なきフ

クシマへ――なぜ復興ビジョンに脱原発を掲げるのか」をベースとし、その後の状況の推移を勘案し、原災地域復興のあり方を模索したものです。ここで使用したデータは福島大学災害復興研究所が2011年9~10月にかけて実施した「双葉8町村実態調査」結果を利用しています。福島大学災害復興研究所の各位に感謝します。また、福島大学うつくしまふくしま未来支援センターの専任・兼任教員等による活動成果を活用させていただいています。

▼1――山川充夫「東日本大震災・原発事故と南相馬市復興ビジョン」『地理』第56巻第10号、2011年10月、34~40ページ。山川充夫「原発破綻がもたらす避難区域の地理学的意味」『地理』第57巻第5号、2012年5月、65~71ページ。山川充夫「原災地域復興支援と地理学の役割」『地理』第57巻第9号、2012年9月、50~65ページ。

▼2――山川充夫「原発なきフクシマへ――なぜ復興ビジョンに脱原発を掲げるのか」『世界』2012年4月号、119~129ページ。

▼3――山川充夫「エネルギー政策の転換と地域経済」『地理』第57巻第1号、2012年1月、30~38ページ。

▼4――復興庁「福島復興再生基本方針」2012年7月13日、http://www.reconstruction.go.jp/topics/houshinhonbun.pdf。福島県「福島復興再生基本方針〝30のポイント〟一覧」、http://wwwcms.pref.fukushima.jp/download/1/tokusohou-30point.pdf。

▼5――福島県「福島復興再生基本方針　県の要求とその反映状況(例)」、http://wwwcms.pref.fukushima.jp/download/1/tokusohou-hannei.pdf。

▼6――筆者の「原災地復興」原則については、2011年4月26日の日本学術会議主催学術フォーラム「東日本大震災からの復興に向けて」において「被災地(福島県から考える地域再生と震災復興)」をテーマとする報告を行い、そこでは「福島における地域再生課題の特殊性」、「東日本全体での復興の重要性」、「復興まちづくりには住民の知恵の必要性」の3点を強調した。その後、6月20日の経済地理学会ラウンド・テーブル「東日本

大震災の復旧・復興と経済地理学の課題」での報告において、「復旧・復興に向けた7原則」としてまとめた（山川充夫『経済地理学年報』第57巻第3号、２０１１年9月、59～61ページ）。ここでの5原則はこの7原則を再整理したものである。

▼7——http://fsl-fukushima-u.jimdo.com「双葉8町村住民災害復興実態調査」。この調査結果の分析については、丹波史紀「福島第1原子力発電所事故と避難者の実態——双葉8町村調査を通じて」『環境と公害』第41巻第4号、２０１２年4月、39～45ページ、においてとりまとめられている。本章では、これを参照しつつ、帰還・復旧・復興のあり方に重点を置いて分析を進めていく。

▼8——福島県復興計画検討委員会「第2回分科会資料」２０１１年10月24日。

▼9——原災における科学的な「安全」と市民的な「安心」の乖離問題については、山川充夫「原子力災害と帰還・復旧・復興への社会技術的課題——FUKUSHIMAからの問いかけ」『学術の動向』第17巻第8号、２０１２年8月、26～31ページ。

▼10——山川充夫「地域アイデンティティの再構築に向けて」『学術の動向』第16巻第3号、２０１１年3月、79～84ページ。木岡伸夫『風景の論理——沈黙から語りへ』世界思想社、２００７年。

▼11——山川充夫「脱原発と地域経済の展望」『地域経済学研究』第23号、２０１２年3月、38～51ページ。

▼12——エネルギー・環境会議「エネルギー・環境に関する選択肢」２０１２年6月29日、http://www.npu.go.jp/policy/policy09/pdf/20120629/20120629_1.pdf 。

▼13——母親は0～2歳の乳幼児期、3～5歳の保育・幼稚園期、6～8歳の小学校低学年期、9～11歳の小学校高学年期、12～14歳の中学生期、15～17歳の高校生期、18歳以上の進学・就職期、などそれぞれの期頭においてよりよい条件を求めて、最適場所を選ぼうとする傾向にある。家族・職場・地域との関係で引き留めていた「絆」は原災によって断ち切られており、原災賠償一括金の支払いは最適場所を求める行動の原資になるものと思われる。

7

東日本大震災と漁業

震災後の「減災」に向けた社会科学の役割

日本地域経済学会会員・東京海洋大学准教授
濱田武士

1 はじめに

東日本大震災により、東北太平洋側の沿岸部は壊滅的な状況となりました。震災後発生した津波により、死者・行方不明者数は1・8万人を超え、あらゆる構造物が破壊されたのです。また、東京電力福島第1原発の事故により放射性物質が福島県だけでなく広範囲にわたって飛散しました。この被害はさらに新たな被害を生んでいます。2次被害、3次被害と被害は拡大し続けています。

震災後から今日まで、被災地では復旧作業が懸命に続けられてきました。しかしながら、1年を過ぎても、被災地では、ようやく瓦礫撤去が進んだという状況で、構造物の再建はあまり進んでおらず、更地が目立つ状況です。もちろん、被災地の産業は、震災前の水準を遥かに下回っています。

さて、本報告は、シンポジウムのテーマを受けて、震災後の社会科学の役割を考えるものですが、筆者の専門の都合上、水産復興に関連した内容に射程範囲を絞りたいと思います▼1。さらに、紙幅の限界があることから、議論の対象として、食糧基地構想と水産復興特区構想を取り上げることにしました。

これらの構想は、被災地がまだ混乱している中で公表された改革路線の構想であり、創造的復興の目玉のような存在です。ショック療法とも言えるこの構想の内容を紹介するとともに、その問題性を指摘していきたいと思います。

被災地の漁業・水産業は、被災総額1・2兆円を超える未曾有の被害を受けましたが、こうした震災で受けた直接的被害以上に、震災後にもたらされた「人災」が際だった分野だったといっても過言ではありません。この「人災」とは、原発災害のみならず、被災地・被災者の分断の危険性を伴う創造的復興という名の政策と、それによって想定される被害のことを指しています。震災からの復興には、こうした人災を如何に減らすかという視点が欠かせません。

以下、震災後の「減災」に向けた議論を進めていき、最後に社会科学の役割（地域経済学的視点から）について述べたいと思います。

2　食糧基地構想の陥穽と為政者の取り繕い

1――理にかなっていない漁港集約化

震災から約1ヶ月が過ぎた頃、食糧基地構想という構想が新聞紙上に掲載されました。どこまで政府の中でもまれていたものなのかは定かではありませんが、新聞紙上では、政府がこの構想の法案を国会へ提出するという方針を固めたと報じられていました▼2。

この構想の内容は、被災地の農業、漁業の生産基盤を集約化し、農村・漁村を職住分離し、集落を高台移転するというものでした。これは、国際競争力の強化という観点と防災という観点とを併せ持った構想であり、一見合理的な内容に思えました。

漁業における生産基盤とは、漁港または漁港用地にあるさまざまな構造物のことです。岩手県、宮城県沿岸部は、リアス式海岸の複雑な地形になっており、その入り組んだ地形の浦々には沢山の漁村集落があります。漁村集落ごとに漁港が整備されてきたことにより、漁港の数は震災前には、岩手県では108、宮城県では142にまで至っていました。両県の漁港の数は、東北の他県と比較すると群を抜いています。それだけ沢山の漁村が浦々に形成されていたのです。これらの漁港を1／3に集約して、漁業の効率化を図ろうというのが、この食糧基地構想の内容でした。

この構想が公表された時期（4月中旬）は、被災地ではまだ混乱が続いていたことから、構想に対する被災地の漁業者の声はあまり取り上げられていませんでした。しかし、テレビなどで知った漁業者らは激高したと思われます。実際、5月上旬に被災地で出会った漁業者たちからは、この構想に対する強い憤りを感じました。漁業者らが漁業再開のために日々漁港近隣の瓦礫撤去を行っている時期にこのような報道があったのですから、憤りは想像に難くありません。

しかし、復興を考えるときには、さまざまな再開発計画が出てくることは概ね想定内だと思います。是非はともあれ、大災害には都市計画や建築制限や区画整理などの再開発計画がつきものです。ですが、それは未来に向けてより良い都市空間が創造されることが約束されていることが前提であり、その上でなお、計画が住民のコンセンサスを得られるかどうかが問われるわけです。食糧基地構想について言えば、この構想により果たして本当に農業・漁業、農村・漁村が良くなるのか、そして関係者のコンセンサスが取れるのかが問われるものと思われます。

さて、被災地の漁業者がもつ感情はひとたび差し置くとして、食糧基地構想は漁業の効率化、国際競争力の強化に繋がるのかを考えてみたいと思います。結論から述べると、答えは「NO」です。なぜなら、漁港を集約し、1／3にしたところで、漁業が発展するという論理が導けないからです。それどころか、生産効率を落とすか、縮小再編を促す可能性の方が高いからです。

理由は簡単です。漁港は船着き場であり、水揚げ場であることから、それが集約化されても、広く分散している漁場が集約化されるわけではないからです。

沿岸における漁場は局所的に広く形成されています。ウニやアワビが生息する漁場、魚類が生息する漁場など、広く細かく分散しています。小さな漁船により漁獲するそれらの魚種を効率的に漁獲するには、漁場と漁港の近接性が望まれます。また、養殖漁場はどこにでも設置できるわけではありません。三陸では、カキ、ホタテガイ、ワカメ、コンブ、ホヤ、ギンザケなどさまざまな魚種が養殖されていますが、水深や潮の流れ、そして流入河川などの関係から漁場が選ばれており、どこに漁場を設置しても同じように養殖生産ができるというわけではありません。農地に適地適作があるように養殖漁場にも適地適作があるのです。しかも、農地開発のように、化学肥料を施肥して土壌の生産力を引き上げることができません。ですから、漁場はその魚種に適した場所が選ばれ、広く分散しているのです。この分散している漁場を集約すると、高密度養殖となり、生産性を落としかねません。しかも三陸では養殖漁場として使える海面は満度に使用されています。また、漁業者は頻繁に養殖漁場に出かけて養殖産物の育成を管理しています。ですので、漁港から漁場が遠くなれば、管理作業の効率も落ち込むのです。

このように分散している各漁場へのアクセスのことを考えれば、それぞれの漁場に近い漁港がある方が効率的であることは言うまでもありません。むしろ漁港を分散的に配置させることで効率化が図られてきたのです。ですから、効率性という観点から見れば、漁港が集約化される意味はないのです。

食糧基地構想は、農漁業の生産力拡充を図る国土開発政策の発想だと思われます。そしてそれは、日本の国土の在り方を無視して進められた、かつての臨海工業地帯の拠点開発の考え方と何ら変わりありません。深刻な海洋汚染や公害問題をもたらしたこれら過去の開発行為については、これまで自然環境の破壊ばかりがクローズアップされてきましたが、今我々が過去の教訓に学ばなければならないことは、これらの開発行為が、漁村集落にあった自然と人間社会の関係、すなわち、漁村集落における「自然、漁業、暮らし・文化の一体的関係」を粉砕したということではないでしょうか。そのことを思い起こした時、震災後、おもむろに集約化、効率化、国際競争力を掲げて登場した食糧基地構想は、地域性や自然の在り方に考慮した構想とは到底思えないものだということは自明の理と言えましょう▼3。

2――マイノリティーの被災漁業者よりも財界うけ・大衆うけ優先

この構想が、いつ、どのように創出されてきたのかについては全く知り得ません。ですが、この構想の創出過程において、漁業、漁場、漁村に精通している専門家が関わったとは到底思えません。TTPへの参加が議論されていた最中での震災であったことから、これに異議を唱える農業や漁業に精通している専門家は邪魔だとされたのでしょうか。たとえ、そのような意図がなかったとしても、この構想は都市目線の構想であることは違いありません。

食糧基地構想がメディアで報道された当初、村井嘉弘・宮城県知事は、漁港を1／3にするという漁港集約化を謳っていました。しかし、東日本大震災復興構想会議が提言を出した頃には、漁港集約化という用語は漁港「機能」集約化と言い換えられていました。その内容は、漁港の背後にある加工機能など付随する機能を1／3に集約するというもので、実際に打ち出した内容は、142港のうち60港を3年以内に優先的に復旧し、残りは5年以内に復旧するというものでした。

漁港集約化は緊縮財政と経済効率化路線を明確にした、財界うけ・大衆うけする構想だったことは言うまでもありません。しかしながら、この構想は、先にも触れたように、分散的な漁港立地により浦々の漁村が存立してきた経緯、また、公共土木施設である漁港は基本的には原型復旧あるいは元の機能を取り戻すことが「公共土木施設災害復旧国庫負担法」により保証されていることまで無視されていたのです。おそらく、こうした事情と国の指導が働き、漁港集約化は漁港「機能」集約化と言い換えられたと思うのですが、それでさえも何ら意味を持たない方針なのです。なぜなら、多くの漁港の背後にある加工機能は、民間投資によるものか、公共土木施設とは異なる生産者負担のある補助事業（補正予算で準備されていた事業）による共同利用施設であることから、集約化するかどうかは水産加工業者か、生産者が決めるものなのです。つまり、集約化を上からとやかく言われる筋合いはまったくないものだったのです。実際に、震災後の自己負担を軽減するため、漁村の中で話し合いをして漁業者らが自らカキ処理場を集約化すると判断した漁村もあるのです。

漁港集約化という構想が打ち出された時、それが国際競争力の強化に繋がると本気で考えられていたかもしれませんが、結果的に、また実質的にも、こうした構想の公表は、緊縮財政・公共事業批判を賛美する財界や大衆に向けたパフォーマンスでしかなく、マイノリティーの被災漁業者のことは全く念頭に置いていなかったと言わざるを得ません。ですから、言動の変化、すなわち漁港集約化から漁港「機能」集約化と言い改めたことについては、お茶を濁しながらも、「基本姿勢は変えていない」と政治信念を表明したようにしか見えないのです。

3——震災後の人災

被災地での避難生活で、被災した漁業者が未来への展望を描けず、悶え苦しむ中、宮城県庁では、創造的復興という美名の下でこうした被災者不在の構想が描かれ、しかもその真意がすりかえられていたのです。これは人災以外の何物でもありません。

今後、震災復興においては、水産業の復興計画と同時に、漁村計画も併行して策定されていくと思われます。その計画の基本思想として、「自然・漁業・暮らし（文化や漁村コミュニティ）」という総合的な考え方がどのように提示されていくか、注目していきたいと思います。

3 水産復興特区構想の批判的検証

震災後、村井嘉浩・宮城県知事が公表した水産復興特区構想が、２０１１年12月26日に施行された東日本大震災復興特別区域法（以下、特区法）として法制化されました。具体的には、特区法の中の、認定復興推進計画に基づく事業に対する特別の措置として設定された「漁業法の特例（第14条）」の条文です。この条文には、「特定区画漁業権免許事業」として記載されています。

ここでは特定区画漁業権の体系を確認するとともに、この特区法に対する懸念と諸問題について論じ、そして立法化までに浮き彫りになった意志決定過程の問題について言及したいと思います▼4。

1——特定区画漁業権と漁民の自治

漁業権とは、沿岸部の一定の漁場区域内で漁業を排他的に営むことのできる権利のことです。漁業法では、共同漁業権、区画漁業権（養殖を営むための権利）、定置漁業権の、３つの漁業権を定めています。

さらに漁業権は、都道府県知事からの免許方式の違いから2種類に分けられます。ひとつは漁協に管理権が与えられる組合管理漁業権です。漁協は内部で作成した漁業権行使規則に基づいて組合員に漁業権を行使させています。もうひとつは直接経営者に免許される経営者免許漁業権です。漁業権の権利を設定する漁場区域については、当該都道府県が漁場計画を作成してから定めることになっています。その後に各漁場区域の漁業権に対する申請者を受け付けて彼らの適格性を都道府県が審査して免許することになっています。

三陸において盛んに行われている、カキ、ホタテガイ、ワカメ、ノリ、ギンザケ、ホヤなどの水産動植物の養殖を対象とした権利は、今回の事業の対象となる特定区画漁業権であり、これは組合管理漁業権に属しています。そのことから、漁協が申請すれば漁協に免許されることになっています。

特定区画漁業権における「漁業権行使規則」には、どの区域にどのような水産動植物をどのように養殖するか、あるいは漁場利用料をどうするかなど、養殖技術や漁場管理に関わる項目が規定されます。この規則は漁協の中で組合員の合意形成を経て作成され、都道府県にも認められます。漁協（あるいは漁業地区）ごとに作成されることから、その内容はそれぞれに異なります。漁場の自然的社会的環境は多様だからです。自らの地域の漁場環境を最もよく知る漁民らが漁業権行使規則の作成主体となり、漁民らの相互監視と漁民らの主体性を基本とした漁場管理体制が、漁協ごとに形成されているのです。

一般にはあまり知られていないですが、漁民の間では、漁場の使い方を巡り、絶えず様々な利害対立が存在しています。養殖漁場の場合、利用者である漁業者各に海面が区切られているが、もしもそうしたルールがなく、漁民それぞれが漁場を身勝手に使ってしまうと、すぐに漁場紛争に繋がってしまいます。そこに行政が介入しても漁場で監視・監督するというわけにはいかないので、紛争は簡単には解決されません。だからこそ、漁民らは、漁業や養殖業を営む「権利」を得るだけでなく、漁業権行使規則の作成を通して、秩序形成のための活動に「参加」する「責任」も果たさなくてはならないのです。漁業権行使規則以外にも自主ルールが決められ、関係漁民が共同で漁場管理を行っています。

このように、漁業権の権利には「責任」が付随しており、その責任履行には漁民らの「自治」が必要なのです。そして、自治形成のためには漁民が「参加」する組織が必要とされ、その自治組織が漁協という存在なのです。すなわち、こうして形成した自治組織には、紛争防止機能を含んだ漁場管理システムが内蔵されています。漁協が漁場管理団体とも呼ばれる所以です。

しかし、特定区画漁業権は、漁協にしか管理の権限が認められていない共同漁業権とは異なり、その管理権が優先的に漁協に認められているだけで、漁協が管理権を放棄すれば個別の経営体に直接免許され得ることにもなっています。そのとき、特定区画漁業権は組合管理漁業権ではなくなり、経営者免許漁業権となります。ただし、その場合、都道府県知事の恣意で免許してはならず、申請者の適格性の審査が実施され、免許されることになっているのです。さらに競願になった場合は漁業法で定めた優先順位に従って高い順位にある組織形態の経営体に免許されることになっているのです。優先順位は、地域外よりも地元、個人よりも団体・法人、未経験者よりも経験者の位置づけが高いです。この仕組みは特区法を見る上で把握しておかなければならないことです。

2――特区法の懸念とその問題

特区法第14条は、上記のように漁協が管理権を放棄しない状態にあっても、個別の経営体が県知事に直接免許されるよう、特定区画漁業権に関する優先順位が緩和される内容となっています。

その具体的な内容とは、被災地で養殖業を営んできた漁業者が、独自で事業再開が困難であるとき、復興の円滑かつ迅速な推進を図るのに「ふさわしい者」に県が特定区画漁業権を免許できる、となっています。つまり、その「ふさわしい者」に対しては県が特定区画漁業権を直接与えるというのです。もちろん「ふさわしい者」は漁協に所属する必要はありません。

では、いったいどのような者がふさわしいのか。この解釈はかなり厄介であるとともに問題性を孕んでいます。

形式的な内容については、「漁業法上で定められた特定区画漁業権者の優先順位の第2位、第3位に該当する組織に限られる」となっています。第2位は、地元地区の漁民の7割以上が出資者である法人であり、これは実体として漁協と同じくする組織であること、第3位は、地元地区の漁民7人以上で構成される法人経営体であり、水産業協同組合法上で定める漁業生産組合（協同組合法人）そのものか、実体としてそれに近い法人です。つまり特区法は、いわゆる民間企業への漁業権開放というものではなく、たとえ、漁民以外の個人・法人から出資金を受け入れたとしても、その法人の経営の軸は地元地区の漁民らにあり、その経済余剰の大半は地域内に残る、ということを約束しています。あくまで漁業外からの出資を呼び込むだけで、経営の主導権は地元の漁業者らにあるということで、免許される組織形態自体には問題性はないと言えます。

しかし、特区法14条の問題は、以上のような免許者の形式的な側面ではなく、適格性の要件に隠されています。要件は以下のように5つあります。

一　当該免許を受けた後速やかに水産動植物の養殖の事業を開始する具体的な計画を有する者であること。
二　水産動植物の養殖の事業を適確に行うに足りる経理的基礎及び技術的能力を有する者であること。
三　十分な社会的信用を有する者であること。
四　その者の行う当該免許に係る水産動植物の養殖の事業が漁業生産の増大、当該免許に係る地元地区内に住所を有する漁民の生業の維持、雇用機会の創出その他の当該地元地区の活性化に資する経済的社会的効果を及ぼすことが確実であると認められること。
五　その者の行う当該免許に係る水産動植物の養殖の事業が当該免許を受けようとする漁場の属する

水面において操業する他の漁業との協調その他当該水面の総合的利用に支障を及ぼすおそれがないこと。

注目すべきは「五」の項目です。これは既存の漁民に配慮して、漁場利用における協調性を問う適格性の要件として取り上げられたと考えられますが、この文面では拡大解釈が可能であり、今のところ「他の漁業と協調」できるかどうかをどのように審査するのか、そしてその審査基準はどのようになるのか、などについては全く明らかにされておりません。この要件こそが、既存の漁民にとって最も重要要件であるにもかかわらず、です。

もし、このまま適格性の基準を国が明確にしなければ、宮城県は、特区構想を推進してきた立場として、また村井嘉弘宮城県知事の政治家のプライドをかけて、特定区画漁業権免許事業における適格性基準の範囲を広く設定してしまうと思います。適格性審査が形骸化される可能性は否めません。

しかし、特区法14条の運用において、批判されなくてはならないことはそれだけではありません。組合管理漁業権に備えられてきた紛争回避機能を含んだ漁場管理システムが免許者に及ばなくなっていることです。このままでは、特区の傘の下で漁協の組合員資格を得ることなく「権利」を取得でき、かつ漁場管理コストの支払いや漁業権行使規則遵守という「責任」を負わなくてよい免許者と、すべての「責任」を負わなければならない漁民とが漁場競合することになります。

こうした両者の利害対立が紛争の火種になるということは想像に難くありません。それゆえ、特定区画漁業権免許事業は漁民の分断を生む欠陥を抱えた事業と言えます。漁業権制度にある漁場管理システムに代わるなんらかのシステムがこの事業体制の中に仕組まれることが約束されなければならないのです。

しかし、水産復興特区構想を立案した宮城県は、立案者でありながら、紛争防止に資する漁場管理システムについて全く提示していません。県内の漁業紛争防止及び漁業調整の任務を担う行政庁の対応としては、無責任な対応と言わざるを得ません。同時に紛争防止策や免許対象者の管理・監督方法の立案を踏まえないまま、特区法を成立させた国の責任も重いです。

3——熟議なき立案過程

水産復興特区構想公表から特区法成立までの経過を辿ると、立案過程の中に腑に落ちない点が多々あります。まず、2011年5月10日に宮城県知事が構想を公表するまで、漁業権管理団体である漁協に何ら相談しなかったことがあげられます。混乱を招くことが想定されるため、反発を意図的に避けることが目的であったのでしょうか。次に、東日本復興構想会議の検討部会では、特区構想に関して漁業経済の専門家が警鐘を鳴らし、構想推進という結論に至らなかったにもかかわらず、その議論が全く無視されたことです。本委員会では、村井義浩・宮城県知事と元朝日新聞論説員の高成田亨氏による度重なる強い主張により▼5、特区構想は復興構想会議の提言書に記載されました。そして、その提言書が公表されてわずか3日後の6月28日、水産庁から公表された「水産復興マスタープラン」には特区構想が記載されました。現行制度でも組合員になれば十分に外部企業の参入が可能であるということを最も把握しているのは水産庁です。被災地の知事の提案だからと言って、「熟議なし」にそれを受け入れたことについては疑問を感じざるを得ないのです。

こうして、現場の反論を受け付けず、専門家の意見も受け入れず、監督官庁も異議を申し立てないまま、わずか2ヶ月半の間に、特区構想の法制化の地固めが進みました。

つきつめると特区構想とは、漁民を古くて閉鎖的と言われる漁協の事業体制から切り離し、企業化を進める政策的糸口です。しかし特区法は、紛争発展の可能性を払拭していないどころか、新たなビジネスモデルが創出されることさえも約束するものではありません。なぜなら、漁業と異業種の連携事例の多くは、部分的な取組みかあるいは実験的な段階から脱していないからです。

これでは漁民分断という犠牲が伴った実験場建設にほかなりません。懸命な復旧作業が進む被災現場を尻目に、創造的復興という美名の下で、紛争を招きかねない構想が議論されていたこと自体が人災といえましょう。

紙幅に限りがあるため詳細については割愛しますが、震災後に発生した人災は、上記に記したような改革政策が打ち出されたことのほか、このような上から目線の改革論を安易に掻き立てるメディアの報道▼6、そして原発事故による操業自粛や風評被害▼7などがあります。

4 おわりに――社会科学の役割

言うまでもなく、東日本大震災で失われたのは人命や施設ですが、その後の人災は、漁村や水産業界において長い時間をかけて築き上げた尊い社会関係資本（コミュニティ、漁協組織、ローカル制度、流通システムなど）までをも解体・分断する可能性があるのです。その社会関係資本そのものが非効率を生んでいる、というのが改革立案サイドの大義名分であると思いますが、そもそもこうした新自由主義的決めつけ方に大問題があるのです。

最後に、地域経済学の視点に立ち、漁村復興を考えてみます。地域経済学では、地域を自然的・経済的・文化的複合体として捉え、多様な地域の在り方への理解を深めて、経済と非経済を統合させた地域の内発的発展の方式や地域の再生産の在り方を展望するところにあると筆者は考えています。その視点から言及すると、すでに述べたとおり、食糧基地構想や特区構想は、漁場利用や漁村という地域の在り方を壊す方向に向かわせるだけで、真の復興を展望できるものではないと言えます。このような意見に対しては、「元に戻しても衰退するだけなので改革が必要だ」という反論が返ってくるのですが、この反論も現状分析に乏しい内容です。なぜなら、震災を通して、高齢者や細々と漁業を営んできた3～4

割程度の漁業者が廃業し、改革を進めなくても震災前後で構造再編が進み、漁業者1人あたりのパイは増加し、担い手の水揚金額が増加していくからです。壊れた漁港や市場施設、あるいは地盤沈下した水産加工用地などをできるだけ早く復旧を進めることこそが復興の近道であることは今更言うまでもありません。

社会科学の役割として、被災地の状況や推移を記録することもありますが、一方で、メディアなどで取り上げられがちな、理論的にも、実態的にも、分析が乏しい改革論などに対し、以上のように警鐘を鳴らしていくこともその大きな役割だと思います。つまり、震災後に発生する「人災」を如何に防ぐかという「減災」のような役割を果たす必要があると思うのです。そしてもちろん、ブレーキ役だけ果たせばよいというだけではないと思います。本当に必要な改革は何なのか、それを中央の視点ではなく、復興の現場である地域の視点に立って分析・創出していくことこそが、社会科学が果たすべき役割だと思います。

▼1――本来ならば、日本地域経済学会の学会員として、地域経済学の議論や関心事を紹介する必要があると思うのですが、限られた紙幅の中でそのような論を展開させる能力が筆者には備わっていないため、割愛しました。

▼2――朝日新聞2011年4月17日朝刊。

▼3――食糧基地構想に関する批判は拙稿「水産復興論に潜む開発主義への批判と国土構造論から見た漁村再生の在り方」(『漁港』53巻2/3号、2011年、28~35ページ)に記しました。

▼4――この内容は拙稿「熟議なき法制化――「水産復興特区構想」の問題性」(『世界』、2012年3月号、33~36ペー

ジ）をリライトしたものです。

▼5——東日本大震災復興構想会議議事録（2011年6月11日）に記されています。村井嘉浩・宮城県知事は自らの構想が認められないのなら東日本大震災復興構想会議の委員を辞するとまで発言しています。また、高成田亨は東日本大震災復興構想会議での発言や水産庁とのやりとりを自らの著作『さかな記者が見た大震災 石巻讃歌』（講談社、2012年2月発行）に記しています。

▼6——大手マスコミ（中央紙）の多くが「漁業権は漁協の既得権益」と表現し、水産復興特区構想を後押しする論調が目立ちました。また、専門性が異なり、研究実績がない研究者に漁業権や漁協の問題を言及させる記事が目立ちました。例えば、朝日新聞社が設置した「日本前へ委員会」の提言を記事にした、「漁業改革が突破口」（朝日新聞 2011年12月2日朝刊1面）が最たる例です。

▼7——放射性物質の飛散に伴う被害は、魚介類の汚染という直接的問題だけでなく、風評被害があります。風評被害が発生する形式はいくつかありますが、汚染の可能性がなくても、産地名などの属性だけを引っかけて流通させないようにするという商取引の行為から生じる風評被害というものがあります。その風評被害は直接的に消費者の判断に委ねられているのではなく、消費者に代わって小売業界・流通業者が被災地の魚介類を買い付けしないという態度から生じているのです。こうした状況が形成された伏線には次のようなことがありました。まず、2011年11月には魚介類を県の管轄海域別に表示するよう、国の指導が入りました。JAS法の範囲では、海域は、例えば太平洋産など範囲の広い海域表示か、水揚港の所在県（福島県産など）を表示しなければならないが、それでは問題ありと指導が入ったのです。このような産地や生産者に管轄海域別表示を強く求める圧力は、小売業界から消費地の卸業界そして産地へと、小売業界や卸業から直接農林水産省、農林水産省から産地へと、二つのルートを通して伝わったのです。結局、表示は被災地の中の地域選別に使われただけで、産地にとっては正の効果を生み出すものではなかったのです。このことにより、末端流通業界と中間流通業界そして産地との力関係がより鮮明になっただけで、風評被害はさらに拡大傾向を強めています。

8 「資本から独立した政治経済学」が今こそ必要

基礎経済科学研究所前理事長・慶應大学教授
大西　広

はじめに

今回の原発災害をめぐって原発を推進した自然科学者の責任が鋭く問われていますが、追及されるべきは自然科学者だけではありません。社会科学者、とりわけ経済学者も「原子力発電の効率性」、「他電源に比較したコスト安」といった議論を行って最終的な原発建設・推進の片棒を担いでいたからです。このため、日本の経済学者はこの責任をどこまで自覚し、よってどこまで反省するかが問われています。震災当時、私が理事長をしていた関西が拠点のマルクス経済学の研究組織「基礎経済科学研究所」も震災を機に大規模な内部討論を行っています。その様子は震災後に研究所が行った震災・原発災害関連の企画の頻度に表されています。震災前に神戸の震災を扱った企画も含めると次のようになります。

▼2010年9月11〜12日　研究大会共通セッション「雇用再生と神戸の震災復興」
▼2010年12月発行『経済科学通信』第124号特集「雇用再生と神戸の震災復興」

▼2011年4月11日　常任理事会声明「社会科学団体としての責任と自覚の表明」発表
▼2011年7月24日　東京集会共通セッション「震災・復興・原発と社会科学」
▼2011年9月10日　現代資本主義研究会「いまなぜ技術論か」
▼2011年9月発行『経済科学通信』第126号特集「原発災害・震災と地域再生」
▼2011年10月9日　研究大会共通セッション「震災と現代経済、その復興と未来社会の展望」
▼2011年11月12日　現代資本主義研究会「未来社会の展望と再生可能エネルギー」
▼2012年1月発行『経済科学通信』第127号特集「災害復興と現代経済」
▼2012年5月19日『経済科学通信』第127号読者会
▼2012年9月15日　研究大会分科会「震災と政策」

けれども、研究所のこの問題についての立場、自覚と反省はもっと端的に別掲の声明「社会科学団体としての責任と自覚の表明」に表されています。これは震災直後から細かな文章表現も含めて全会員で討議し、その結果として合意に至った結論的文章で、そこで特に注意していただきたいのは筆者の責任で下線を引いた部分です。つまり、この問題は日本の社会、政治の根本からの見直しを要する問題であり、かつまたそれは「資本主義という仕組み」と深く深く関わっているとの認識です。

したがって、ここでは震災・原発の問題を「資本主義という仕組み」自身と関わらせて議論する経済学上の枠組み、すなわちマルクス経済学の枠組みを論じたいと思います。震災・原発の問題は代替エネルギーや復興支援のあり方など多岐にわたる論点・研究テーマを含んでいますが、この場はそうした個別論点ではなくもっと根本的な議論をすべきと考えるからです。

資料❶：社会科学団体としての責任と自覚の表明

3月11日に発生しました東日本大震災から一か月がたちました。この未曾有の地震と大津波により、約3万人の死者・不明者が出ました。私ども基礎経済科学研究所の内部でも命に別状はないものの福島地区の会員が被災されましたが、すべての被災者に心からお見舞い申し上げ、一日も早い復興を願わずにおられません。

しかし、この震災は単なる「お見舞い」と「復興支援」で済まない要素をあまりにも多く持ちすぎています。津波対策は完全であったのかどうかといった疑問に加え、やはり原子力発電所の防災対策の不備は弁解の余地はありません。事前に指摘されていた今回の危険性を無視し続けてきた東京電力の姿勢、特に安全無視の利潤追求の姿勢は資本主義という仕組みの再検討までをも社会科学に求めていると思われます。

また、原子力偏重のこれまでのエネルギー政策の問題、防災に関する国際協力の姿勢の問題、政治のリーダーシップの問題を含む政治の在り方も厳しく問われています。民主党政権もつい先日まで「トップセールスでアジアに原発を売りにいく」と言っていたのですから、彼らに東京電力を批判する資格はありません。

したがって、私たちは今回の事態を見て、日本の社会、日本の政治が根本的な転換を要していると感じています。そして、自然科学者は緊急に各種の課題に取り組み、私ども社会科学に関わる者も緊急に日本社会・日本政治の根本を問い直す課題に取り組まなければなりません。ここにその責任と自覚を表明するものです。

2011年4月11日　基礎経済科学研究所常任理事会

しかし、こうして経済学者の議論をその枠組み自体にまで遡って問題とするということは、具体的には電力会社や政府など、要するに資本や資本の代弁者から独立な立場が経済学者において守られていたのかどうかを問うことと同じです。そして、もしそうなら、同じく独立していなかった民主党のあり方をも問わねばなりません。「政権交代」時には世の中を根本的に変えるかに見えた民主党政権も、開けてみれば電力総連の影響下に原発立地を推進する内閣でした。これでは電力会社の直接の影響下に原発を推進した自民党と何も変わりません。ここには結局、企業利益に丸め込まれた日本の協調的労働組合の持つ弱点が集中的に現れています。

1　資本から独立していなかった労働運動と民主党政権

ということはこういうことです。民主党は「連合」の決定的な影響下にあることが時にはよい影響を、時には悪い影響をもたらすこととなっています。たとえば、自公政権末期に民主党は弱弱しくも教育基本法の改悪に反対しましたが、これは連合が反対したからです。というより、その連合の「教育」に関する態度決定は日教組が握ることになります（連合の中で教育を論じる権限は日教組にある）が、その日教組が教育基本法の改悪に反対すれば連合が反対し、連合が反対すれば民主党が反対するという意思決定の規定関係が機能したからです。私は当時、全国の国公立大学と高専の労働組合でつくる「全国大学高専教職員組合（全大教）」の委員長をしていましたから、彼らと大いに協同し、この民主党の決定を歓迎しました。これは時には連合もまともな役割を発揮しうることを示しています。

しかし、このメカニズムは連合傘下の産別が資本から独立していないときには、そのまま否定的な現象に帰結します。すなわち、今回のように（「教育」問題ではなく）「電力」問題となった瞬間にその関連の産別、この場合は電力総連が連合の立場を規定することになり、それがひいては民主党の立場を縛ることになっています。これは連合という組織に加盟する労働組合の多くがその雇い主＝資本から独立していないことに起因していますから、大きくは労働運動における日本的企業主義の問題です。そして、これはまさしくマルクス経済学が日本資本主義の根本問題として指摘し分析をしてきた中心論点でした。民主党政権となった今、この問題は以前よりさらに深刻な問題として現実に立ち現れています。

なお、この深刻さを再認識するための材料として電力総連が出してきたこの間の2度の声明／態度表明を見ておきたいと思います。ひとつは北陸電力の志賀原発2号機の運転差し止め判決に対して発表した2006年3月の声明（資料❷）で、もうひとつは今回の福島原発事故後の態度表明です。資本の立場とまったく変わりがないことを確認してください。連合はこの結果、実は今回の

資料❷：電力総連の声明（2006.3.27）

「北陸電力志賀原子力2号機運転差止め訴訟判決について」

◉ 訴訟判決に対する受け止め

この判決をもって原子力発電の安全性に問題があるとは受け止め難く、これまでどおり原子力発電の安全・安定運転に従事していく。

◉ 電力総連の考え方

原子力発電は「潜在的な危険性」を持つことを忘れてはならなく、まず何よりも優先するのは安全確保であり、「多重防護」の考え方をもとに、設備等を構築している。
原子力発電所の耐震安全については、科学的・技術的な議論を踏まえて、積み重ねてきたものである。

原発事故の約半年前、その中央執行委員会で「新設をふくめて原発を推進する」ことを決めています。さすがに事故後はこの方針を「凍結」することになりましたが、それ以前には「推進」を方針としていたのですから、これはやはり電力総連が連合の基本的な方針を握っている／いたと理解せざるをえないでしょう。

2 2011年度経済理論学会大会での討論から考える

マルクス経済学が今まで、こうした労働運動と資本との癒着の問題を解明してきたとは言え、もちろんそれだけで「資本から独立した経済学であった」と誇るには十分ではありません。なぜなら、自身がいかに「資本から独立」であったとしても、その活動の不十分さのゆえにそれは経済学の主流派たりえず、つまり、経済学の全体をして「資本から独立」を実現しえていたわけではなかったからです。これには「資本から独立」な自身の枠組みをそれ自体として価値あるもの、必要な枠組みとしてしっかり主張しえていなかった理論上の弱点がある、と私は考えています。そしてさらに私は、その視角からこそマルクス経済学は自身を反省しなければならないのではないかと考えています。つまり、自身が枠組みの問題として「資本から独立」でありえたその根拠をしっかりと自覚／自己認識し、したがって他の経済学諸派をも変革しうるほどの力を持たなければならなかったと考える

資料❸
内田 厚（電力総連事務局長）の今回の事故後の立場

「事故原因が分かっていないのに、原発を見直すべきかどうかの議論はできない」「原子力発電は、議会制民主主義において国会で決めた国民の選択。もし国民が脱原発を望んでいるなら、社民党や共産党が伸びるはずだ」（Wikipediaから引用）

のです。

とはいえ、この方向への糸口はすでに開かれています。マルクス経済学を中心とする日本の経済学者を集めた経済理論学会（本福島シンポジウムの最初の呼びかけ団体です）は、震災後最初の年次大会でこの問題の特別セッションを開催し、そこでは緊張に満ちたハイレベルの討論をすでに行っています。その中で報告された東北学院大学の半田正樹教授と宮城学院女子大学の田中史郎教授の報告は極めて意義深いものでした。近代経済学の枠組みの是非にまで議論を進める、そうした議論であったからです。

このことをその場で最初に指摘されたのは半田氏でした。いわく「コスト／便益比較の経済学自体が問題」だと。ただ、この直後に報告された田中氏は原発開発が軍事優先の非経済的なものであるとして、「原発はコストに見合わない」と主張されたので、会場にいた私はその矛盾を指摘しました。「コストに合わないからダメ」という議論と、「コスト／便益比較の枠組み自体が問題」という議論は批判の方向性がまったく異なるからです。が、それでもこの両者を私が高く評価したいと思いますのは、そのどちらもが近代経済学の枠組みそれ自身を問題にしたからです。そして、実際、本稿冒頭に述べましたように、近代経済学こそは電力会社や国による原発推進に最終的なお墨付きを与えていたのです。

しかし、それでも、もしそうであるとすると、この矛盾はどう解消されなければならないのでしょうか。あるいは、どちらがどの意味で正しく、したがって他方がどの意味で理解を修正しなければならないのでしょうか。私がこの議論の後に辿りついた問題設定は、「原発はコストに見合わない」にもかかわらず近代経済学はなぜ「コストに見合う」と述べたのか、あるいは彼らの枠組み自体がそのようなミス・ジャッジの原因となってはいまいか、というものでした。

3　近代経済学の原発危機論を評価する

というのはこういうことです。実は、この間、この深刻な原発事故をうけて近代経済学の内部からも2冊のまとまった著書が出されています。1冊は齋藤誠『原発危機の経済学』（日本評論社、2011年10月）で、もう1冊は竹森俊平『国策民営の罠』（日本経済新聞出版社、2011年10月）ですが、この両著書は極めて対称的な分析枠組みで著され、またしたがってその評価も対称的でした。簡単に言うと、前者はいかにも「近代経済学」の枠組みによる分析となっているのに対し、後者はそうではなく、したがって『日本経済新聞』など主流派の内部では前者のみが高い評価を受けているからです。私の理解では、ここにこそ近代経済学の枠組みの持つ根本的な問題点が表現されています。

前者の齋藤著では、率直に近代経済学者は原発のコストを低く見積もりすぎたと反省を述べています。いわく「我々は計算を間違った」と。しかし、でも、読者のみなさんはどう思われるでしょうか。これは単なる「計算間違い」だったのでしょうか。つまり、たとえば受験生は数学問題への回答を上に間違ったり下に間違ったりしますが、近代経済学者は下に間違う（過少に見積もる）ことはしても上に間違う（過大に見積もる）ことは絶対にしませんでした。としますと、これは受験生が純粋に様々に「計算間違い」

をするのとは異なります。言い換えますと、ここでの「計算間違い」がなぜ下にしかなされなかったかということが事態の焦点です。もっというと、世の中には近代経済学者以外に反原発／脱原発論者がいて、彼らはずっと「原発のコスト」がもっと大きいと主張してきました。しかし、その声がどうして近代経済学者の耳に入らず、彼らはみんななぜ過少にしか計算しなかったのかこそが明らかにされなければならないのではないでしょうか。

そうした視点から見ると、我々マルクス経済学者には彼らとは極めて違った分析枠組みがあることに気づかされます。というのは、国民が「電力開発補助金」のための納税を強要されたり、事故の被害を受けたりで「不利益」をこうむっていても、電力会社や原発メーカーは原発建設を進めることで「利益」を得ており、もっと言うと、それに雇われた「科学者」にもそれを推進する「利益」が発生して……といったような特殊「利益」の絡みあいの問題として社会を捉えるからです。たとえば、マルクス経済学者は「階級闘争」も資本家の「利益」と労働者の「利益」の間の紛争として捉えます。ですから、ここは近代経済学者自体がこの一方の利益に絡めとられていたのではないか（その代弁者に伍していたのではないか）ということこそが問われなければならないことになります。

その点でいうと、斎藤著と同時に出版されたもう1冊の竹森著にはそうした「政治経済学」的視角がはっきりと表現されています。この竹森氏は原発事故発生時に電力会社と原発メーカーに対して責任追及する範囲を制限する「原子力損害賠償法」の成立過程を詳しく分析し、それが各種利害の衝突と妥協の産物であることを解明しているからです。つまり、この世に起きている様々な事象を異なる利益を持つ異なる利益集団の絡みあいの問題として解いています。これは「政治経済学的視点」に間違いがなく、マルクス経済学の視点と一致します。竹森氏ご本人がそう自己認識されておられるかどうかはわかりませんが、マルクス経済学者としてはこれこそが必要な視点であり、ポイントを突いた分析となっているといえます。ただし、そうであるがゆえに、逆に「近代経済学者らしい分析」とは言えません。この著書がすぐれた成果でありながら、近代経済学の内部では評価が高くないのもそれが原因しているというのが私の見方です。▼1

4 近代経済学とは何か、マルクス経済学とは何か

しかし、このように述べると、そもそも「近代経済学とは何か」「マルクス経済学とは何か」というような根本的な問題を問われるかもしれません。これはたとえば、この竹森氏もご自身の著書を「近代経済学だ」と認識されているだろうからで、もっと言うと、この著書は剰余価値理論とも史的唯物論とも直接の関係は何もありません。その意味で、この著書も斎藤著とは別種の「近代経済学」とみるのが無難な解釈です。しかし、それでも、その研究はマルクス経済学者にとって違和感なく自然に納得できる、そうした「政治経済学」の枠組みで書かれています。ですから、ここではより議論を生産的にするために、ここで私のいう「政治経済学」の枠組みを明確にしておきたいと思います。そして、それは端的に言って、外部性や情報の不完全性や

人間行動の非合理性といった諸要因による問題の発生より、政治レベルのメカニズムがもたらす問題の発生がより重大だと考える立場です。

というのはこういうことです。近代経済学には、市場メカニズムが最も効率的な資源配分をもたらすとの理解がありますが、それは、①外部性、②情報の不完全性と、③人間の非合理性によって阻害されます。それが「市場の失敗」というものです。そして、実はさきの斎藤著はこの③も原発推進の原因となったと書いています。国民／住民は非合理的だから原発の危険性を正しく判断できない。それが原発誘致という判断ミスを招いた、と慎重に暗示しています。これは最近はやりの「限定合理性」の経済学、行動経済学や保険論の経済学の分析枠組みで、そうした近代経済学の枠組みで十分なのだというのが要するに氏の主張と思われます。私は今回の原発事故は近代経済学の枠組みそのものを問う重大な事件と認識していますが、斎藤氏も世間がそう認識する危険を感じたのではないでしょうか。そして、そうだからこそ近代経済学の枠組みを使って必死にこの事故の説明を試みたのだと思います。

しかし、実は、近代経済学には「市場の失敗」を説く枠組みがあるだけではなく、「政府の失敗」を論じるものもあります。『赤字財政の経済学』という著書で政治のメカニズムが赤字財政という問題を引き起こすことを解明したブキャナン＝ワグナーらによる「公共選択学派」の主張です。▼2 私はこの原発問題の解明には、この枠組みこそが相応しいと考えています。原発を誘致した地域住民の問題があることも事実ですが、彼らが応じるほどのお金を電源開発補助金として大量に注ぎ込んだのは政府です。

また、この政府は原発メーカーにも電力会社にも様々な形で（原子力災害賠償法も含む）保護と資金供与を行ってきました。ですから、ここはそのような決定をなぜ政府がしたのかという問題、あるいはどのような社会集団間のインタラクションがこうした決定に至らしめたのかといった、すぐれて「政治経済学的」な分析が求められるはずです。したがって、ここでは「市場の失敗」ではなくむしろ「政府の失敗」こそが問われなければなりません。こうして、ここでは「市場原理主義」が問われているのでも「市場の失敗」が問われているのでもなく、「政府の失敗」が問われているのです。

したがって、こうした「政治経済学」のある種の応用として、（氏がそう述べておられるわけではありませんが）竹森氏が近代経済学的枠組みと理解されることはありうることです。私はこの枠組みが今回の事件の理解にとって最も適切であると考えるので、その可能性を許容します。ただし、それでも他方で、あえてこの枠組みを「マルクス経済学」と私が主張するのにも理由があります。それは、実際上、世界のマルクス経済学者はいつもそのような「政治経済学的枠組み」を使って様々な事象を説明してきたからであり、あるいはもっと言えば、ブキャナン＝ワグナーの「赤字財政累増の法則」が実はマルクスのコピーであると考えているからです。マルクスは『資本論』第1巻「原始的蓄積」の章（第24章）で次のように述べています。

「国債は国庫収入を後ろだてとするものであって、この国庫収入によって年々の利子などの支払がまかなわれなければならないのだから、近代的租税制度は国債制度の必然的な補足物になったのである。国債によって、政府は直接に納税者にそれを感じさせることなしに臨時費を支出することができるのであるが、しかしその結果はやはり増税が必要になる。他方、次々に契約される負債の累積によってひき起こされる増税は、政府が新たな臨時支出をするときにはいつでも新たな借入れをなさざるをえないようにする。それゆえ、最も必要な生活手段にたいする課税（したがってその騰貴）を回転軸とする近代的財政は、それ自身のうちに自動的累進の萌芽をはらんでいるのである。」（ディーツ版、784ページ）

ここには見事に増税と赤字財政の二人三脚の累積メカニズムが表現されています。この章は国家財政が資本の原始的蓄積の重要な梃子としてあることを説明するくだりのものですから、ここで想定されている政府支出は資本のための支出です。また、最後の「生活手段にたいする課税」とはたとえば現在の消費税のような大衆課税です。つまり、「資本」というファクターと「納税者」というファクターの間のこうした利害分裂が政府＝政治において機能した場合、独特のメカニズムが働いて増税と赤字財政が進行するとの議論です。政治が大きく絡む経済現象には独特のメカニズム（「政府の失敗」）の分析が不可欠であることを解明しているのです。

したがって、私がここで述べたいことは、今回の原発問題での経済学者の反省とはその枠組み自体に及ばなければならず、それは電力会社や原発メーカーやアメリカ……といった様々な利害集団の政治的行為を直視する経済学でなければならないということです。私は経済学者の中でも特殊に原子力の問題や電力の問題、地域の問題を扱っている研究者ではありませんが、だからといって今回の事態に何も言えない、何も貢献できないというのではなく、理論研究者だからこそ言わなければならないことがある、と私は強く感じています。労働の問題に強く関心を持ったマルクスが「価値論」という極めて抽象的な問題に没頭したのもそうした趣旨からです。原発を推進した近代経済学の問題の追及も、こうしてその枠組みにまで遡った根本的な批判としてなされなければならないというのが私の意見です。

5　結論

▼1――竹森著はこのほかにも、日本の原発開発政策が産業政策としてアメリカの圧力を受けなかったという国際政治経済学的分析や政府・電力会社・原発メーカー一体の国家体制の分析をしていてさらに興味深い。後者の国家体制分析はマルクス経済学の用語では「国家独占資本主義分析」となる。筆者はこの本を読んで伝統的マルクス経済学の「国家独占資本主義論」は正しいと確信した。

▼2――James. M. Buchanan & Richard E. Wagne, *Democracy in Deficit : The Political Legacy of Lord Keynes*, Academic Press, 1977.（深沢実・菊池威訳『赤字財政の政治経済学――ケインズの政治的遺産』文眞堂、1979年）

第3部

フクシマ、チェルノブイリ、ドイツ

9 福島第1原発事故と福島における復興の道

元福島県復興ビジョン検討委員会座長
福島大学名誉教授
鈴木　浩

1 政府の原発事故・放射線汚染・汚染ガレキ処理への対応

昨年12月中旬から年末にかけて、左記のように、政府は福島第1原発事故についての対応を矢継ぎ早に発表しました。

▼2011・12・16　野田首相、原子炉「収束宣言」

▼2011・12・18　枝野経産・細野環境・平野復興3大臣、福島県知事・原発被災地域町村長と協議（新たな蓄積放射線量マップの発表とそれに基づく帰宅可能性についての区域区分設定の発表――「帰還困難区域」、「居住制限区域」、「避難指示解除準備区域」）

▼2011・12・28　細野環境大臣、福島県知事・双葉郡8町村長と協議（「中間貯蔵施設」を双葉郡地域に設置することを要請）

野田首相の原子炉「収束宣言」は、きわめて唐突でしたし、被災地や被災者にとってまったく納得できるような宣言ではありませんでした。「収束」の意味が、まったく不明で、そこには科学的な根拠がきわめて希薄であったといわざるを得ません。では、なぜ「収束宣言」なのか、その後の福島における政府の一連の動き、そして大飯原発の再稼働に向けての政治判断などを追跡すると、その政治的な意味合いが垣間見えてきます。つまり、福島第1原発の事故を福島県内の問題として封じ込め、そこでの収束を宣言することで、全国で操業停止に追い込まれている原発の再稼働に向けた政治的判断を行おうとしていたのではないかということです。2012年になって、大飯原発再稼働の動きが激しくなり、ついに7月には操業が再開されることになりました。さらに言えば、国外への原発技術の輸出戦略を進める上でも、〝福島封じ込め〟が必要だったのではないかとさえ思えます。この間、福島原発問題を沖縄・普天間基地問題と対比させ、その類似性を指摘する声も聞くようになりました。福島県の被災地や被災者はもちろん、全国的にも、大飯原発再稼働と福島原発事故に対するこのような封じ込めと風化戦略に対して大きな批判と脱原発を求める声が巻き起こってきているのです。

昨年12月18日に、枝野・細野・平野3大臣が福島を訪れた際に示した蓄積放射線量を示すマップに基づいて、「帰還困難区域」(50mSv/年〜)、「居住制限区域」(20〜50mSv/年未満)、「避難指示解除準備区域」(20mSv/年未満)の居住制限に関する区域区分を発表しました。避難生活を強いられている被災者は、蓄積放射線量を示すこの地図を見て、それまでの早くふるさとに帰りたいという祈りにも似た期待に対して、ある種の「覚悟」、「決意」をもたらしたことは想像に難くありません。そのことは後に紹介する浪江町復興ビジョンの策定内容にも反映しています。ここで、指摘しておきたいのは、科学的・客観的なデータとしての蓄積放射線量マップとその数値に基づいて設定された居住困難性を示す3段階の区域区分との関連です。いわゆるリスク・コミュニケーションの考え方からすれば、それぞれの蓄積放射線量のもつ人体への影響について被災地・被災者に徹底的に情報開示と説明をした上で、それと居住制限に関する考え方を提案し広く理解を求めていく手続きを経ていくべきです。被災自治体の復興への期待（例えば、復興の証しとして出来るだけ多くの地域住民に帰還してほしいという計画課題の立て方など）と避難している被災者のふるさとへの帰還要求との間に、大きな乖離が生まれつつあるのは、このような「情報の質」が影響しているように思えてなりません。

昨年12月28日、細野環境大臣が福島県を訪れ、「中間貯蔵施設」を双葉8町村に設置してもらえないかという要請を行いました。同じ日に「復興計画」を決定した福島県知事は、それに対して不快感を示しています。双葉地方8町村では、県を含めて広域協議をしていくことにしていますが、国の申し入れの直後に町村がそれぞれに受け入れない意向や受け入れた場合の条件提示を求めるなどの微妙な温度差を生じさせています。その後、国はこの中間貯蔵施設の設置について、楢葉町、大熊町などと個別折衝を進めてきており、双葉8町村や県はもちろん、原発災害を広範囲にもたらされている福島県民には政府の進め方に対する不信感が広がったのです。

2　福島県復興ビジョン

2011年5月から7月にかけて福島復興ビジョン検討委員会は6回の会合を開き、3つの基本理念と7つの主要施策というビジョンの大枠を提起し、7月8日には知事に答申しました。

【福島県復興ビジョン】

◉3つの基本理念

1――原子力に依存しない、安全・安心で持続的で発展可能な社会づくり
2――ふくしまを愛し、心を寄せるすべての人々の力を結集した復興
3――誇りあるふるさと再生の実現復興に向けた

◉7つの主要施策

▼緊急的対応……応急的復旧・生活再建支援・市町村の復興支援
▼ふくしまの未来を見据えた対応
1――未来を担う子ども・若者の育成
2――地域のきずなの再生・発展
3――新たな時代をリードする産業の創出
4――災害に強く、未来を拓く社会づくり
5――再生可能エネルギーの飛躍的推進による新たな社会づくり
▼原子力災害対応……原子力災害の克服

この福島県復興ビジョンにおいて特に強調しておきたいのは次の2点です。第1は、基本理念の第1に掲げた「原子力に依存しない、安全・安心で持続的で発展可能な社会づくり」です。原発事故に直面した被災地・被災者の過酷な避難の実情に触れて、安全が保障できない原発への基本スタンスを明確にしなければ福島の復興ビジョンが描けないということです。因みに、2011年10月、福島県議会は福島原発第1、第2の全10基の原発の廃炉に向けて全会派一致で決議しました。原発事故は福島県議会に地殻的変動をもたらしたといっても過言ではありません。しかし、すでに述べたように原発事故を福島県内に封じ込めようとする政府そして再稼働を画策する電力業界の動きはさらに明確になってきており、この基本理念を実現するためには国民的な運動の広がりが求められています。

第2の点は、主要施策の最初に掲げた「緊急的対応——応急的復旧・生活再建支援・市町村の復興支援」です。東日本大震災と福島第1原発事故は、その広域性や複合性そして深刻性などから、復旧・復興に長期間かかるであろうことは当初から想定できることでした。福島第1原発事故は、原発の廃炉までの行程、放射性物質に汚染された広範な地域の放射性物質除去の過程、そしてこれらの見通しに左右され全国に避難生活を強いられている被災者の生活再建や事業者の事業再開、自治体ごと避難し復興に向けた業務に取り組みながら行政サービス機能を維持している自治体行政。いずれにしてもこの緊急避難的な状況における支援や自主的な取り組みができるかが復旧・復興過程に前向きに繋げていけるかどうかに大きく作用するでしょう。その間に復旧・復興のエネルギーが蓄えられるような支援をしなければ、ふるさと・

生活・事業などの復興に繋がっていきません。そのために、意図的に緊急的対応の必要性を掲げたのです。

3　被災地・被災者に寄り添うということ

「福島県復興ビジョン」とその後の「福島県復興計画」の策定、さらに「浪江町復興ビジョン」の策定を通して一貫して考えてきたことは「被災地・被災者に寄り添うということ」、その意味や内容についてでした。福島県復興ビジョンを策定する過程では、とにかく原発事故の収束に向けたメッセージが重要でしたし、県レベルでも被災地・被災者そして被災自治体への緊急的支援の必要性を提起することはできました。しかし、被災地・被災者の実情との距離感を埋めることは難しいのです。頻繁に仮設住宅を訪問したり、市町村の実情のヒアリングをすることを通して、やはり被災地や被災者に寄り添えていないのではないかという不安や問題意識が絶えず生まれてきていました。女川町の役場や被災漁村の漁師たちとの話し合いなどからも、そのような問題意識を鮮明にさせてきました。それらを通して探り出した、寄り添うことの基本的な課題は次のように整理できます。

①次の犠牲者、二次災害を生み出さないこと。

避難所での生活は過酷です。仮設住宅が完成しそこに移ってプライバシーなどの問題は若干緩和されたとしても、日ごとの生活のリズムや生きがいをもつこと、そして家族や友人たちとの語らいなどの日常性がまったく異常で異質な空間と時間に移動させられたときの人々の困惑・不安や肉体的なストレスなどがその過酷さを生み出しています。今回の災害では、災害救助法による応急仮設住宅供給において、家賃補助による民間賃貸住宅の借上げ仮設住宅という運用が本格的に導入されました。全国に避難を余儀なくされている被災者がなんとか借上げ仮設に住める条件が整えられました（しかしすべての都道府県でその業務を受け入れているわけではありません）が、家族離散や失業状況は相変わらず続いています。

このような過酷な避難生活が、人々の心身を蝕んでいくことを食い止めなければなりません。人々のこのような過酷な状況に耳を傾け、それぞれの気持ちに寄り添うことが必要です。厚労省による仮設住宅団地への「高齢者サポート拠点施設」の供給が始まり、それぞれの施設では社会福祉協議会やNPOなどがその運営をしています。お年寄りが集まって、体を動かしたり趣味を活かした活動をしていますが、奇妙なことに男性の高齢者の姿が少ないのです。それはどこでも共通です。引きこもりがちになってしまい、それがさらに自らを追い込んでいきます。避難所や仮設住宅などでの犠牲者や二次被害を生み出さないような寄り添い方を組織的に考えていくことが現在なお求められているのです。

②災害を受ける以前の地域社会・住民・自治体の協働の仕組みを最大限尊重すること。

避難生活は、それまでの地域社会における日常生活のリズムや生きがい、そして人々との結びつきを断ち切ってしまいました。今まで何気なく存在していた地域社会における絆の存在とその大切さを改めて思い知らされるのです。仮設住宅への入居が、そのような地域コミュニティの結びつきを配慮してこなかったことが指摘されています。災害公営住宅の供給においても機械的な抽選などで、特に高齢者の二次災害の誘因になってきたことは阪神淡路大震災後の対応で指摘されてきたことです。今回の大震災で導入された借上げ仮設住宅にはなおさら孤立感を抱いている人々が多いのです。従来の地域社会や行政区などの絆を継続していける工夫が必要です。

③研究者・専門家は被災地・被災者にどのように寄り添うか。

福島第1原発事故において、原発事故の危険性、放射線量のモニタリング情報、放射線汚染に対する安全基準、放射性物質の除染、などについて研究者・専門家のさまざまな知見やアイディアが飛び交いました。そのことが一方で被災地や被災者にさまざまな混乱を引き起こしてしまいました。もちろん研究者・専門家にはさまざまな主張や見解が存在します。研究活動や専門分野における見解の公開の大前提は、様々な研究者の理論や学説あるいは研究報告を渉猟し、それらをレビューすること、そしてそこから自分の立ち位置を客観化することです。原発災害において、我さきにと見解や提案が発表され、被災地・被災者とくに自治体の執行部に大きな混乱を招いたのです。まずは、それぞれの主張や見解そしてデータなどを相対化すること。それぞれの位置づけを行うこと。被災地や被災者にはそういう手続を経て、情報や意見開示を行うべきです。

④「人間の安全保障」、「生活の質」、「基本的人権」、「民主主義」などの基本的理念を確認し、行動の原点に据えること。

避難所・仮設住宅は緊急避難施設です。そこでは、日常生活における居住空間の水準を確保できないのは当然といえば当然です。しかし、そこでの生活が長期化したときに、そのような限界に対しても一定の配慮と改善が必要です。その緊急時における空間の質や水準に対する対応は、日常的な居住に対する「居住権」や「最低居住水準」そして「生活の質」に対する取り組みの蓄積が大きく影響してくるはずです。事実、わが国では「居住権」はなお未確立ですし、「生活の質」は具体的な内容として認知されていないのです。

にわかにそれらの基本理念を確立することは難しいかもしれませんが、そういう取り組みがこういう非常時にも大きく影響を及ぼすことになります。

実は、２０１１年10月以降に浪江町復興検討委員会に関わって、被災地や被災者に寄り添うことの意味を徹底的に考えることになったのです。それは第5節で詳述します。

4 原発事故と復旧・復興を取り巻く時代潮流

東日本大震災はわが国の特別な時代潮流のもとで発生しました。そのことが復旧・復興に大きく影響を及ぼしているともいえます。わが国そして地域社会に孕む矛盾をもたらす基本的な枠組みを転換するような視点も重要です。これまでに体験しなかったほどの災害に対応するには、これまでの枠組みを大きく乗り越えた枠組みの提起も必要なのです（例えば、人口減少・超高齢社会におけるコミュニティのキャパシティビルディング、水平型サプライチェーンの形成と地域循環型経済システムなど）。それに対する現政府の方針は、たとえば「創造的復興」という言葉に込められています。東日本大震災と福島第1原発事故に対する復旧・復興を社会全体の枠組みの転換として提起する場合には、わが国の時代潮流に対する認識が重要でしょう。詳しく述べる余裕がないので、3つの時代的特質を提起するにとどめます。

①経済的低迷――1990年代以来続く経済的低迷はわが国に大きな地域間格差をもたらしました。今回の大震災と原発災害は、その地域間格差の下層、つまり軽視されてきた第1次産業地域、さらに空洞化が進む地方中小都市を襲ったのです。このような経済的格差や経済的低迷の要因になっているグローバリゼーションの下での市場原理、競争原理そして金融経済への極端なシフトに対してどう向き合っていくのでしょうか。

②政治的混迷――「脱官僚・政治主導」、「国民の生活が第一」などをスローガンにして発足した民主党政権の震災や原発事故発生後のガバナンスの弱さに、被災地や被災者は不安や不満を募らせています。「地域主権」もまた一方で声高に謳われてきましたが、マンパワー不足で復旧や復興に機敏に対応できない地方自治体に対する支援は「地域主権」の道筋に適っているのでしょうか。

③社会的不安――高齢社会・人口減少局面に入り、地域コミュニティの維持すら困難になっています。一方で医療・福祉・労働そして住まいなどが深刻な事態に直面し、生活保護世帯の急増、孤独死、ワーキングプア、ホームレス・ネットカフェ難民などわが国の社会的不安をかき立てています。そこに大災害が発生したのでした。

長期間の復旧・復興過程が予想される中で、福島県は災害救助法に基づく1万6000戸の応急仮設住宅の一部を、居住性能の向上、地元大工・工務店の仕事確保、被災者の雇用、地元資源の活用さらには二段階活用の可能性などを考慮して、木造仮設住宅の建設を進めてきました。これまでの経過と今後の課題について検討します。

5 福島県における応急仮設住宅建設

「災害救助法」(1947年10月)による応急仮設住宅は、被災地に対して都道府県が適用することになっています。その費用は原則として都道府県負担ですが、都道府県の財政力に応じて国が負担することになります。使用期間は原則2年以内。規格は19・8㎡(6坪)、29・7㎡(9坪)、39・6㎡(12坪)ですが、標準規格として29・7㎡のものが最も多く活用されています。法定限度額は2004年現在のものが示されていて243万3000円(災害救助法施行令9条1項)ですが、実勢額を反映していないので、国交省との協議により決定されています。その結果、ほとんどが国庫負担になっています。

①福島県における応急仮設住宅建設への対応

3月20日、福島県庁の応急仮設住宅を担当する部局を訪ねたときには、すでにプレハブ建築協会の応急仮設住宅の配置計画図面が提出されていました。仮設住宅用地として県の側から提示していた公共用地に対するプレハブ建築協会からの提案でした。この図面を拝見したときに、真っ先に阪神淡路大震災のときの応急仮設住宅の姿が思い浮かびました。引きこもりや孤独死などの二次災害が指摘されたその応急仮設住宅の再現ではないかと直感的に思ったのでした。100戸、200戸の仮設住宅を詰めるだけ詰めてある計画です。そこには集会所やコミュニティセンターなどの共同施設もなければ、コンビニなども配置されていません。

次に頭をよぎったのは、なぜプレハブ建築協会なのかということでした。「福島県復興ビジョン」では、7つの主要施策の第1番目に「緊急的対応――応急的復旧・生活再建支援・市町村の復興支援」を掲げています。つまり、避難生活やその間の雇用や生業への支援、市町村への支援などが大きな課題であることを位置づけたのです。膨大な戸数の応急仮設住宅の建設も、このような被災地や被災者の生活再建や地域産業・雇用の復興に結びつけることを考えるべきであるという基本的な考え方が提起されたのです。

しかし、この応急仮設住宅建設の導入のところで、大手住宅メーカーなどが主導するプレハブ建築協会に一括して発注するのはなぜでしょうか。もちろん、緊急的な応急的仮設住宅の供給には、資材のストックや人手間の速やかな確保などが前提となっていて、それに応えうるのは大手住宅メーカーなどが妥当であろうという判断は一方で成り立ちます。しかし、それ以上に深刻な被害を受けている被災地や被災者に寄り添うための応急仮設住宅の建設であり、居住性の向上や地域における供給の仕組みを活用すべきであると考えました。

県の担当者との議論の過程で、筆者がそのときまで認識できていなかった事柄、ある意味ではハードルが存在していることが判明しました。福島県とプレハブ建築協会が1996年に取り交わした「災害時における応急仮設住宅の建設に関する協定」の存在です。因みにこの協定は、全国47都道府県で結ばれているとのことです。プレハブ建築協会が災害時の応急仮設住宅の建設について独占的に受注する仕組みが出来上がっていたのです。

さて、福島県の場合、結果的にはプレハブ建築協会から1万戸の供給が限界であるとの判断が示され、残りの戸数について県として独自の供給方法を展開することになり、ここで紹介する木造仮設住宅の本格的な供給に取り組むことになりました。

②福島県における木造応急仮設住宅

福島県における当初の応急仮設住宅供給計画戸数1万4000戸のうち、4000戸については県内事業者に広く公募をかけ、書類審査などを通して、独自に発注する仕組みを採用することになりました。3月下旬からの公募に際して、応急仮設住宅の標準仕様や事業者資格などについての要件とともに、公募条件の一部に、次のような条件を付しています。

▼下請工事については、県内企業の活用に十分配慮すること（二次以下の下請も含む）。
▼工事の作業員等については、震災被災者の雇用に十分配慮すること。
▼供給住宅の建設にあたり県産材の活用について十分配慮すること。

仮設住宅の必要戸数の見直しによって2回の公募になりましたが、それぞれの内容は以下のとおりでした。

［1］第1回公募　4000戸（標準単価600万円/29・7㎡）

4月11日〜4月18日の募集期間に応募したのは27事業者であり、それぞれが提案した供給可能戸数の総数は1万6226戸になりました。

4月21日の審査会では、書類と提案図面に基づく審査によって12事業者を選定しました（それぞれの事業者の発注戸数はトータルで4000戸に納まるように調整しました。木造仮設を基本とするように公募をかけたのですが、鉄骨やプレハブ工法を一部採択せざるを得ませんでした）。

［2］第2回公募（追加）　1000戸（標準単価560万円/29・7㎡、最終的には2000戸に拡大修正）

［3］地域高齢者サポート拠点建設事業候補者の公募

応急仮設住宅の建設が始まる中で、厚労省の事業として「地域高齢者サポート拠点建設事業」が展開されることになりました。200戸程度の応急仮設住宅団地を対象に、福島県内では10数か所設置という計画でしたが、最終的には21か所の仮設住宅団地に設置しました。実は、この所管は福島県高齢福祉課ですが、応急仮設住宅の担当部局との連携のもとに、このプロジェクトについても県内事業者に対して公募することになったのです。

5月30日〜6月10日までの募集期間に36事業者が応募、6月22日の審査では8事業者を選定しました。追加した5か所のサポート拠点もこの8事業者のうちの5事業者が追加して受託することになったのです。したがって、選定された事業者の中には、応急仮設住宅の建設とともに、この高齢者サポート拠点も3か所の建設を受託した事業者も含まれています。

③今後の課題——木造応急仮設住宅の可能性

福島県内の仮設住宅の実態調査と今後の展開方向を探るために、2011年10月25日に仮設住宅等生活環境改善研究会を発足させました。県の仮設住宅担当部局と福島大学災害復興研究所とを事務局として、木造住宅の専門家、居住環境・室内環境に関する研究者、林業に関する専門家、社会学や地域福祉そして地域計画などの研究者などを構成メンバーにしています。そこでは次のような実証調査と今後の展開方向に関する調査研究を実施していくことになっています。

［1］仮設住宅の居住性能調査
［2］仮設住宅団地のコミュニティ・高齢者などのサポート
［3］仮設住宅等の今後の展開方向についての研究

繰り返し指摘してきましたが、今回の災害は復旧・復興に長期間を要します。しかも原発災害は、ふるさとから遠く離れたところで、しかも仮設住宅や借上げ仮設、さらには自主避難や県外避難などの避難生活を強いられています。また自治体自体も避難し仮設役場での業務を行っています。

したがって、木造仮設住宅を中心に、災害公営住宅への転用、自力建設用への払い下げなどをも視野に入れた再活用計画を検討していく段階に入っています。もちろん、その漸進的コミュニティ再生計画では、借上げ仮設や自主避難などの被災者の意向も踏まえて立地場所や再建設戸数、そこに求められる諸機能や施設なども考慮しなければなりません。

しかも仮設住宅の移設をともなう漸進的コミュニティ再生計画は、現在の仮設住宅居住が複数の自治体の住民が複合している仮設団地もあるために、広域連合などの協働・協議の場を構築していくことや受入れ自治体との協議の場も必要です。

過酷で長期間を要する復旧・復興に向けて、木造仮設住宅は新たな展開を迫られていますし、そのことは木造だからこそ可能であると考えています。地域に根ざした持続的な供給システムの発展にも結びつけていかなければなりません。

6　浪江町の復興計画策定で学んでいること

①被災地や被災者に寄り添うこと

2万1000人の浪江町民は、福島第1原発の事故で、町外への避難を余儀なくされ、今日まで過酷な避難生活を強いられています。しかも、福島第1原発の爆発事故や放射性物質の飛散状況についての直後の情報がまったく知らされない中で、3月15日昼過ぎまで20～30㎞圏に位置する津島地区に避難していたのです。町外避難の指示が知らされたのは3月15日の午前中、しかも放射性物質の飛散方向も知らされない中、北西方向に（あの放射性物質の飛散方向に沿って）国道114号線を川俣町、福島市、二本松市方向に避難する住民が多かったのです。そもそもこの段階で、東電や政府そして県による、最も過酷な原発被災地への情報提供や避難指示・支援が疎かにされていたということです。それは被災地や被災者に寄り添う原点でしょう。しかし、浪江町の復興計画策定に関わっていく中で、寄り添うことの意味や内容をあらためて問いなおすことになったのです。つまり、浪江町復興計画における復興とは何か、という出発点の議論の中に陥りやすい盲点がありました。

②復興とは何か

浪江町が復興計画の目標に掲げる「ふるさとの復興」とは何か、が鋭く委員会の中で議論されました。「ふるさとの復興」は、県外など遠くに避難している人たち、そしてふるさとに帰れない、帰りたくない人たちの復興支援をどう考えるのか、一人ひとりの人間の復興は？という問いかけだったのです。「ふるさとの復興」は戻りたいと考えている多くの町民の願いであるし、役場機能をふるさとに戻すことをめざす役場の立場からはわかりやすい目標です。しかし、原発災害・放射線汚染災害は、それだけでは被災者の気持ちを逆なでしてしまうことにもなりかねないのです。戻れない・戻りたくない住民の気持ちに応えること、そして人々の必要に応じてふるさとの絆を継承していく仕掛けを準備していかなければならないのです。

③放射性物質の除染の進め方と安全性確保

町の大半を高濃度の蓄積放射線量に覆われた浪江町では、その除染が最大の課題でした。多くの町民は、東電と国の責任で可能な限り早く除染を進め、帰還できるようにしてほしい、という声を上げていました。警戒区域の放射性物質の除染は国が直轄で行うことになりましたので、なおさら、国に対する強い要求となったのです。このことは、国直轄でなく市町村が中心となって除染を進める市町村と地域住民などは対照的な対応になっていることに注意する必要があります。つまり、市町村が除染の主体になっている場合には、国への要求の前に市町村に対する強い要求、場合によっては不満や不安が突き付けられることになります。どのような合意形成のはかり方、実施方法が被災地や被災者に安全や安心をもたらすのか、これはガバナンスの問題として、今後の課題になっていくと考えられます。

④「3年辛抱できるかどうか自信がない」ことに対して、何をするか。

3月15日まで浪江町津島地区に避難していた住民は、その日の午後になって、放射性物質の飛散を知らされ、散り散りに町外に避難しました。その結果、浪江町民は県内中通り（桑折町、福島市、大玉村、二本松市、本宮市、郡山市など）を中心に28か所の仮設住宅団地に分散して避難することになりました。大熊町（会津若松市）、葛尾村（三春町）などが集中的に避難できたことと対照的です。従来の町で形成されてきた行政区単位あるいは旧村単位の地域コミュニティの結びつきはほとんど反映されない離散でした。多くの住民が避難するプレハブ仮設の居住水準の低さ、毎日の生活のメリハリの無さ、人々の行き来の無さ、庭いじりなど自然環境との接触の不十分さ、家族の生活を支える仕事確保の難しさなど、時間の経過とともにストレスが蓄積されていったことは容易に想像できます。復興検討委員会では、「この状態ではいつまで辛抱できるかわからない」、「3年が限界である」という声が渦巻いたのです。そこで復興ビジョンには、3年間でできることを実施することで合意し確認することとなりました。3年できること、それは次項の蓄積放射線量マップの公開で、さらに絞り込まれていったのです。

⑤放射線量の分布で「覚悟」、「決意」（つまりしばらく帰れない）も必要。

昨年12月18日に、政府によって蓄積放射線量マップが示されたときに、具体的に地図上で、高い放射線量に覆われている実態を認識せざるを得なくなったとき、浪江町民は、その事実を受け止め、気持ちのどこかで「覚悟」、「決意」をせざるを得なくなったと思います。つまり、3年が限界と考えていた現在の避難生活の時間をはるかに超える期間、ふるさとには戻れないのではないかという事態と向き合うことになったのです。

⑥現在の仮設住宅でいいか。

一方で現在の避難生活の不安や不満がさらに高まりつつあり、他方ではしばらく帰れないほどの放射線量の実態を受け止めざるを得ない、という事態の進行の中で、浪江町復興ビジョンでは、よりましな避難生活のあり方を追求することになりました。つまり「住まい・コミュニティ／ステップアップ（漸進）計画」です。２０１２年1月26日の復興検討委員会で筆者が提起したものです。地域コミュニティの結びつき・絆を手繰り寄せた仮設住宅団地の再編成、ふるさとに近い浜通り地域への移設再編、雇用・医療・福祉・教育・購買などの機能を一定充実させた暫定コミュニティの町外での実現です。復興ビジョンでは、暫定的にいわき市、南相馬市、現在避難者の多い中通りの二本松市、そしてひとつは浪江町内の低線量区域の4地区を想定しています。

東日本大震災に対するガバナンスの構図

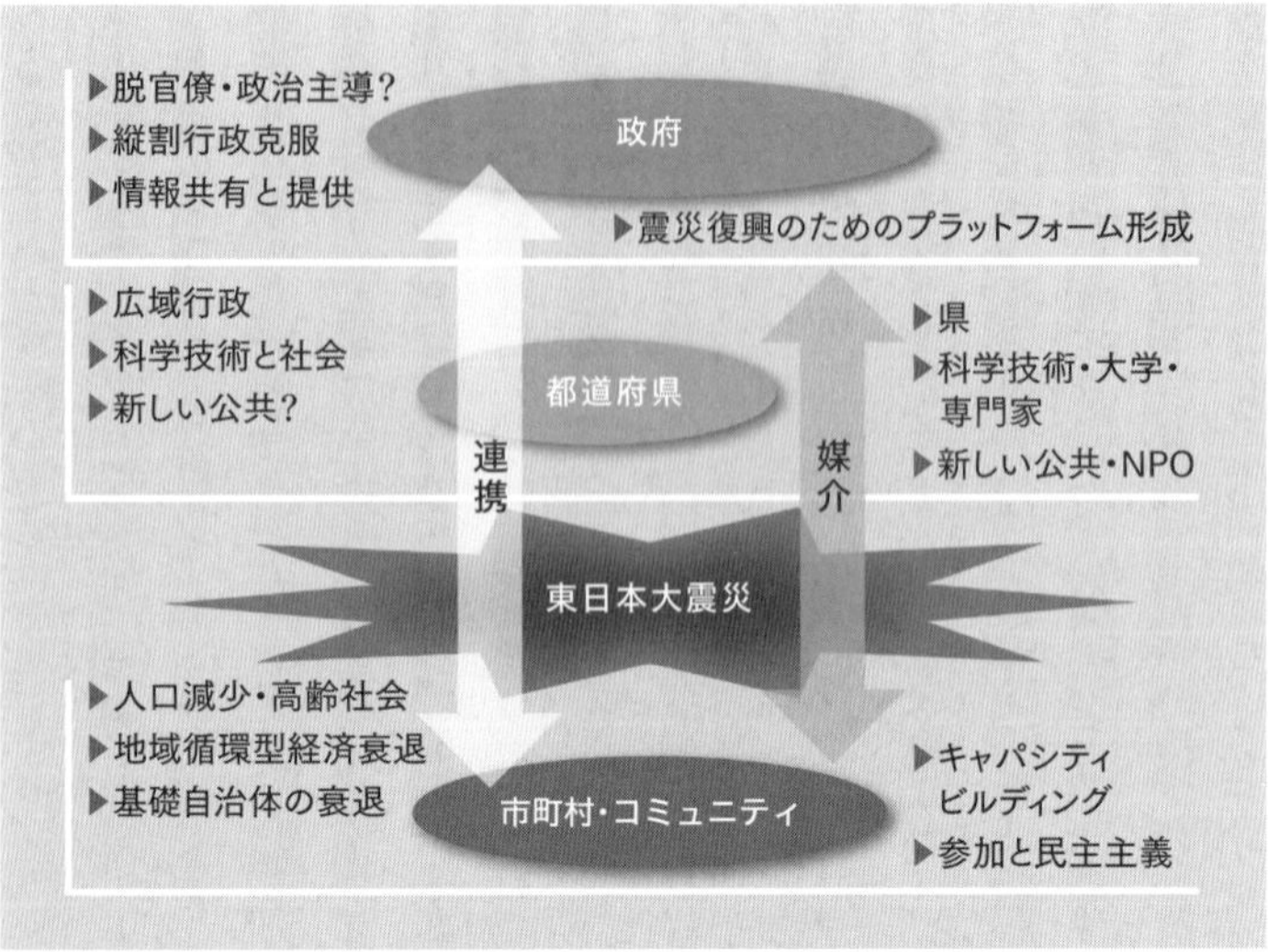

7　復興のためのガバナンス

図は、復興に向けたガバナンスの問題を示したものです。筆者は、東日本大震災・福島第1原発事故に対する適切な政策形成や実行を進めるためには三層のガバナンスの主体や機関そしてそれらの連携・協働が重要であると考えています。政府レベル、被災地・被災者にもっとも近い市町村・地域コミュニティ、そしてそれらの間を効果的に結びつけていくべき県や科学技術・大学や専門家さらに専門的かつ新たな公共を担うことが期待されているNPOなどの媒介的な機関です。

しかし、復興に向けて適切かつスピーディな対応が本格化すべきであるのに現状はなかなか厳しい、三層のそれぞれのレベルで内在的な問題や課題が存在しているとともにそれらの連携や協働の枠組みがなかなか見えないのです。2012年1月、全面施行になった

「放射性物質汚染対処特措法」では、国・県・市町村の役割が一応示されていますが、実際には警戒区域における国の直轄除染、それ以外の大半の地域は市町村が除染計画を作成し国の認定に基づいて市町村が除染を実施することになっています。もちろん放射性物質の除染などという緊急的な事業は市町村にしても初めての経験です。福島県内の市町村はまちまちの対応になっていて、そのことが被災地や被災者の不安や不満を募らせることになるのです。国直轄の地域でも市町村や住民への事前調整や実施報告などが不十分なために、同じように不安や不満は大きい。とくに除却した放射性物質の仮置き場や中間貯蔵施設についての合意形成はなお道半ばです。

8 結びにかえて

古代都市国家アテネにおいて市民になる際に取り交わしていた誓約を紹介して終えます。わが国は、今日きわめて不安定な時代背景の中にあって、過酷な災害に見舞われました。この災害をどのように克服し、どのような国家や地域社会を築いていくのか。いま私たちに必要なのは、この誓約に示されているような高邁な理念と次世代に対する強いメッセージではないかと思います。

> 私たちは、この都市を、
> 私たちが引き継いだ時よりも、

損なうことなく、より偉大に、より良く、
そしてより美しくして、次世代に残します

古代ギリシャのアテネ人が新たに市民になる際の誓約
（リチャード・ロジャース＋フィリップ・グムチジャン著
『都市——この小さな惑星の』より）

10 福島とチェルノブイリ

差異と教訓

福島県チェルノブイリ調査団団長
福島大学前副学長
清水修二

旧ソ連邦のチェルノブイリ原発事故（1986年4月）は、爆発によって破壊に至った原子炉から大量の放射能（＝放射性物質）が環境に放出され、広範囲に被害が及んだ惨事でした。昨年（2011年3月）の東京電力福島第1原発事故も、爆発した原子炉、それも3基の原子炉から放射能が拡散した点で同様の外観を呈しています。したがって福島原発事故による被害の質と量を評価する場合にチェルノブイリの事例が引き合いに出されることが多いのは当然です。ただ、福島とチェルノブイリを比較して論じる場合にいくつか留意すべき点があります。

1 問題の性格

第1に、原子力災害の評価には政治的な性格がつきまとうということです。チェルノブイリ事故は旧ソ連邦時代に起こり、その5年後にソ連邦は解体して各共和国が独立するに至りました。チェルノブイリ事故ではウクライナ、ベラルーシ、ロシアの3国が主要な被災地になっていますが、旧ソ連政府のステイタスを実質的に継承するロシアと他の2国との間で、事故の賠償ないし補償をめぐる利害関係が存在します。また、国際的なレベルでも、原子力発電の推進を望む側の勢力には、事故の被害を小さく評価したいという動機の存在が推測されます。したがってチェルノブイリ事故の評価そのものが政治的な論争の的になり、科学的な調査研究によって一義的に評価が定まるということになかなかならない。これは多かれ少なかれ福島事故においてもあり得ることです。

第2に、チェルノブイリ事故に際して旧ソ連政府が行った対応や対策、あるいは独立後の各共和国が実施している措置等が、すべて正しかったわけでもなければすべて間違っていたわけでもないということです。したがって「試行錯誤から学ぶ」ことが肝要であり、チェルノブイリのケースでこうであったから福島のケースでもそうでなければならぬといった、機械的かつ単純な扱いは、先例に正しく学ぶ所以ではないと言うべきです。

第3に、2つの大事故の間に横たわる25年の時間差をふまえる必要があります。放射線の影響をめぐる科学的知見の蓄積、測定技術の発達、医学および治療技術の進歩など、この25年の間にはさまざまな意味での前進があります。したがってチェルノブイリ事故の頃にはできなかったいろいろなことが、今ならできるという事情があります。また、福島事故対策をチェルノブイリ事故のそれと比較するばあい、どの時点の対策を比較するかという点にも注意しなければなりません。放射能は自然に減衰しますので、時の経過とともに対策も変わっていきます。26年経過した今のチェルノブイリと、事故後1年半の福島とを機械的に比較するのは正しくありません。

第4に、社会体制や制度の違いを踏まえなければなりません。旧ソ連邦は社会主義体制をとっていましたので、土地が国有である点をはじめ、資本主義体制とは基本的に異なる点がいくつかあります。独立後のベラルーシもウクライナも、旧社会主義体制の遺産を継承しています。地方自治の制度にも大きな違いがあり、たとえばベラルーシ共和国には日本にあるような地方自治は存在しないと言ってもいいでしょう。

このほか地勢の違い、人口密度の違い等々、「差異と教訓」を論じる上で気をつけなければいけない点がたくさんあることを、初めにお断りしておきます。

昨年10月末日から11月上旬にかけてチェルノブイリ被災地を訪れた「ウクライナ・ベラルーシ福島調査団」は、行政が公的に編成したものではなく、私の個人的な呼びかけにこたえて参加した人々で構成されています。30人のメンバーの半分は研究者、あとは行政マン、自治体首長、協同組合（生協・農協・森林組合）やNPOの関係者などからなります。調査の内容は、これまでは多かった医学的な被害実態の検証よりも、経済や行政、あるいは教育といった人文・社会科学的な問題への関心に重点がありました。また「福島調査団」の立場からすれば、彼の地での「地域の復興」に向けた歩みをたどってみたいとの思いが強くありました。なお、私は今年（2012年）7月に、福島県議会の議員団の調査に同行して、三度目のチェルノブイリ被災地訪問を行っています。

2　事故の規模比較

福島原発事故はチェルノブイリと同じ「レベル7」にランクされているので、両者の事故は同じスケールのものと思われがちですが、実際は、福島原発事故そのもの、および事故の被害の大きさは、幸いにしてチェルノブリと比べかなり小さなものにとどまりました。大気中に放出された放射能の量は約15パーセント、汚染地域の面積は6パーセント程度、汚染の到達距離も約10分の1とされています。放出された放射性核種にも大きな違いがあり、日本ではセシウムとヨウ素以外の、ストロンチウムやプルトニウムなどはごく微量が出ただけであるのに対し、チェルノブイリ事故では後者の核種が相当大量に環境中に拡散されたとされています。

原発事故の評価は、結果的にどれだけの放射能が環境に出たかということだけを基準になされるべきではありません。今度の福島事故の場合、事故の態様と天候次第では首都が全滅するような被害が可能性としてはあり得たと言わねばなりません。そのことは菅直人首相の指示の下で原子力委員会委員長のチームが作成した「最悪シナリオ」によっても明らかで、そうならなかったのは際どい偶然、したがって一種の僥倖であったと見るべきです。福島では3基がメルトダウンしているので現場の処理には大変な作業量とコストが伴うでしょうが、環境被害はそれとは別の話です。

福島事故を「最悪の事態」とみなすのは原発のリスクを過小評価するものです。むしろ「最悪の事態まで行っていないにもかかわらず、これほどの被害が発生している」と見るべきです。広大な原野の中に存在するチェルノブイリ原発と、人口稠密な狭い国土に存在する日本の原発とでは、潜在的リスクの大きさに雲泥の差があります。

3 健康被害の評価をめぐって

チェルノブイリ事故をめぐって最も論争的な問題は、健康被害の評価です。事故後20年の節目にまとめられた「チェルノブイリ・フォーラム」の研究報告書では、子どもの甲状腺ガンをはじめとする甲状腺障害がヨウ素131によって顕著に発生したことを除けば、統計的に有意といえるレベルの健康被害は確認できない、ということです。

「確認できない」ということは、「なかった」ということとは違います。実際、今度の2回の現地訪問のヒアリングによっても、政府の公式見解と市民レベルの評価の違い、さらには同じ政府機関にあってさえ健康被害の見方には差異のあることがわかりました。骨髄性白血病がふえているとか、甲状腺ガンが依然として減らないとか、遺伝的な影響の存在も否定できないとか、さまざまな医学者・医師の発言がありました。市民からは、免疫力の低下で慢性的な病気が多いといったたぐいの話は多く聞かれます。

チェルノブイリ事故による健康被害の評価が難しい理由のひとつは、社会的・経済的な要因がからむということです。事故後数年にしてソ連邦が崩壊し社会経済的な混乱が続きました。事故の現場作業に従事したリクヴィダートルと呼ばれる多数の人々が、その後病気で亡くなっているとしても、それが果たして放射線障害によるものか、それとも心理的なストレスがもたらした生活のくずれ（たとえばアルコール依存症）の結果なのか、見極めることは困難です。また、事故前の国民の健康状態に関するデータがどれだけ信頼できるかについても疑問があります。

国際的な研究集団による調査が指摘しているのは、直接の病理的影響よりも、むしろ放射能への恐怖に由来する心理的なストレス、あるいは社会経済的な混乱が原因となった健康影響のほうが大きかったであろうという点です。実際この2つのどちらが大きかったかを論じることは私にはできませんが、原発事故にそういった特殊な側面のあることは、福島事故後の状況を見ても十分に推測できることです。

さて、福島事故で果たしてどれくらいの健康被害が発生する恐れがあるのか。さきに述べたとおり、チェルノブイリ被災地でもまだ見解の一致が実現しているとは言えませんので簡単に評価できることではありません。ただ甲状腺障害についていえば、それがヨウ素131の内部被曝によるものであると見た上で、福島事故でのそのリスクの大きさをある程度評価することは可能です。チェルノブイリ事故で数千人の子どもたちが甲状腺ガンを発症した原因は、主として飲食料経由の内部被曝であったとされています。そしてさらに、人々が汚染された飲食物を摂取してしまった最大の原因が、政府による事故・汚染情報の統制、いわゆる情報隠しであったことは確認できると思います。そう考えた場合、飲食料品の管理に関しては住民自身が細心の注意を払ったであろう福島で、同じことが起こるとは考えられません。実際、汚染地域にいた住民のその後の甲状腺検査で、大きな危険を伴うような被曝の推計値は出ていません。ホールボディ・カウンターを使った内部被曝検査（1万5千人以上対象、2012年3月末時点）では、預託実効線量1mSv未満が99・8％、最大でも3・5mSv未満という結果が出ています。

ヨウ素131は半減期が約8日で、2カ月ほどでほぼ消滅する放射能です。したがってその被曝は過去の出来事であり、もう取り返しがつきません。仮にそれが甲状腺に悪影響を与えたとして、疾患として発症するまでには数年以上の時間を要しますから、甲状腺被曝の評価は、とくに子どもたちの将来に深くかかわる問題です。確たる科学的な根拠も示さずに「数十万人が甲状腺ガンになる」などといった評価を下すのは、子どもたちを将来にわたって差別的環境の下に置くことになります。「放射能から子どもを守る」という場合に、そこは十分に留意しなければなりません。

4　移住と避難

チェルノブイリ被災地の汚染ゾーンは5つに分かれていて、事故現場に近い場所、および汚染度の高い2つのゾーンでの居住は禁止されています。そしてそこの住民は基本的に「移住」しているのであり、日本におけるように「避難」している状態ではありません。この違いは「復興」を考える際に決定的な意味を持つと思います。チェルノブイリ被災地が避難でなく移住となる最大の背景は土地所有制度でしょう。社会主義体制をとっていた旧ソ連邦では土地は国有であり、それはウクライナでもベラルーシでも基本的に今も変わりません。被災者は国有地から国有地に移り住むのであり、移り住む先も国が指定します。農業者の場合は集団農場に編入されるなどして生計の道も政府によって賦与されます。

福島の被災地では事情が全く異なります。人々は私有財産である宅地や農地を残して避難しており、可能であれば戻る前提で「仮暮らし」をしています。果たしてふるさとに戻れるかどうか、その見通しの立たないことが避難者には一番大きなストレスになっています。またとりあえずは東京電力からの賠償金で生活している人が多いのですが、いずれ自力で仕事を探さねばなりません。こうした点で、日本の原発災害は住民生活の面では旧ソ連の場合よりも対応が難しいと言わねばなりません。

地方自治体の帰趨に関しても同じことが言えます。チェルノブイリ被災地では、住民が移住して無人になった町村は消滅します。「戻る」という前提がないからです。人の住んでいない荒野に集団で移住して新しい町村を創設した場合もあれば、既存の町村に編入されたケースもあるということです。日本では、たとえ住民が全国に分散してしまっていても住民登録がある以上はあくまでも元の市町村の住民で、自治体としてもなんとか存続を図るためその方途を探っています。「仮の町」構想がいま構築されようとしているのは周知のとおりです。

5 補償をめぐる軋轢

事故後5年目の1991年に制定された通称「チェルノブイリ法」が、被災者への補償措置に関するさまざまな条項を置いています。(株)現代経営技術研究所の主任研究員尾松亮氏の「チェルノブイリ原発事故被災地における住民支援政策と復興に関する研究調査報告（中間報告）」（2011・11・10）がその詳細を紹介しているので引用させていただきます。

まず移住者についてはつぎのような措置があります。「移住先で、職業と職能にしたがった優先的な雇用。それが無理な場合、本人の希望を考慮して他の職が提供されるか、新たに特別な職業訓練を受ける権利が認められる。職業訓練期間中には定められた平均月収の額が支給される。」「新たな地域への移住後、就職を決める間4カ月を超えない期間にわたって平均月収が保証され、職歴が継続しているものとして扱われる。」「移住に伴う資産喪失に関連した物的損害の補償」「移住者の家族1人当たり500ルーブルの移住のための一時金支給」「移住のための交通費、荷物の輸送費の補償」「住環境改善を必要とする市民には、政府が定めた手続きに従って住宅面積が提供される。」「個人住宅建設のために優先的に土地区画の取得と建材の取得が認められる。」

次に、汚染地域に住み続ける「居住者」に対する補償です。「当該地域での勤務期間に従った、勤務に対する追加報償の支給」「女性には非汚染地域での保養策の実施を含む90日間の産前休暇」「居住者への（生活費の——引用者注）月額支給」「追加有給休暇」「勤務者・事業者への月額支給」「年金生活者、障害者（児童も含む）に対する増額月額支給」「最大で7年早い年金受給の開始」。以上のほか医療上のサポートとして、生涯にわたる無料の健康診断を受けることができると定められています。また子どもに対しては、「満三歳までの子どもの保育に対する月額補助の増額」「三歳までの子どもに対する乳製品の食費の月額補助」「就学以前児童施設における子どもの食費のための月額補助」「国立・市立一般教育機関、初等職業教育機関・中等職業教育機関に就学する市民に対する食費月額補助」「国立・初等・中等・高等職業教育機関への優先的な入学。必要な場合学生寮の提供。奨学金の50％アップ」。また、子どもたちは一定の期間、保養施設でリフレッシュする権利があるとされています。

さてこうしたさまざまな補償措置の実態がどうであるかについては必ずしも明らかではありません。政府当局（ベラルーシ非常事態省）でのヒアリングではもちろん、補償は十分に行われているとの説明がなされますが、リクヴィダートルのインタビューなどでは補償は全く不十分であるという意見が聞かれます。法律で定められている補助があまりにも小額で現実的でないとの指摘と、法が建前にすぎず額面通りに実行されていないとの指摘の両方があります。

同じく被災者であっても被害（被曝）の大小や貢献度の違いに応じて補償の額に差がついています。またゾーニングが広範囲にわたっているため該当する住民の数が非常に多く、ただでさえ乏しい予算が、住民の手に渡るときには微々たる額になってしまうという事情があるようです。本当に援助が必要な者に支援を絞るべきだとの意見がそこから出てきます。

福島原発災害に対してどんな「補償の体系」を組むかは今後の大きな課題です。ウクライナやベラルーシと比べれば遥かに大きな経済力を日本はもっていますし、被災者の数も相対的には少ないので、より手厚い補償措置が可能だとは言えますが、補償内容の格差づけや対象者の線引きなど、扱いの大変むずかしい問題が数多くあります。

6 低レベル放射線への対応

チェルノブイリの被災地では、年間5mSvを超えるゾーンを移住地域の扱いにしています。もっとも、そのように決まったのは事故から5年後の「チェルノブイリ法」によってであって、それまでは違う基準が適用になっていました。すなわち事故の起こった1986年は年間100mSv、翌年に30mSv、さらにその翌年に25mSvと順次引き下げていき、5年目に5mSvになった経緯があります。この5mSvという値については、(旧ソ連政府から) 大きな補償を引き出すための政治的な数字であったとする見方もあり、果たして妥当であるかどうかは議論の余地がありそうです。

チェルノブイリ被災地のゾーニングは、推定される住民の被曝実効線量だけでなく土壌の汚染レベル(平方キロメートル当たりのキュリー値：1キュリーは370億ベクレル)をも併せて基準にして決められます。前述したとおり、チェルノブイリ事故では相当量のプルトニウムやストロンチウムが放出されました。これらの放射性核種は生物学的半減期がセシウムなどにくらべて非常に大きい。一度体内に取り込んでしまうとなかなか排出されない性質をもっているわけです。実効線量が1mSv未満となっても、ただちに汚染ゾーンから除外されることにならない事情がその辺にありそうです。

チェルノブイリ被災地では、農地や森林の除染は行っていません。いったんは試みたようですが、あまりにもコストがかかり過ぎるのでやめたということです。しかし生活空間の除染はしっかりやっています。ほこりが立って内部被曝することがないようにと、道路の舗装が一挙に進んだといったエピソードも聞きました。

現地ではコミュニティ・レベルで放射線防護対策を講じています。とりわけ神経を使っているのは食料からの内部被曝対策です。被曝のリスクの大部分は内部被曝であり、そのまた大部分は飲食料品経由だということで、それならば飲食料品の放射線を適切に測定し管理することによって被曝は避けることができます。ベラルーシでは学校等に放射線の情報センターを置き、ベクレルモニターを設置して家庭の食材の放射線測定ができるしくみを作っています。学校では副読本を使って放射線防護教育を行い、子どもが自分の家庭の食べ物を測定して親にその結果を伝えるというようなやり方をとっています。政府サイドの情報が信用できないといった、今、日本で生じている事態がチェルノブイリ被災地でも全く同じようにあったということですが、自分で測るという方法をとることによって時間をかけて克服していったと言われています。

日本でも、被災地住民の健康を守るため、また根拠のない風評による被害を乗り越えるためにも、同じようなコミュニティ・レベルの放射線対策を講じる必要があるでしょう。そのばあい重要なのは、測定機器を備えるだけでなく、それを有効に活用する「しくみ」を構築することです。多数の測定機器を備えても、あまり活用されず遊んでしまっているという現象がすでに福島では起こっています。

先日（7月8日）福島市で、ベラルーシの行政担当者を迎えて市民フォーラムがあり、放射線対策について現地の経験の紹介がありました。ゴメリ州の放射線対策を担当しているリシュク・リュドミラさんは、「ここ（福島）で生きると決めた以上は、基準とルールをきちんと守って生活することです。親がルールを守らずに子どもが被曝してしまったら、それは親が悪いのです」とはっきり言っていました。しくみを整えるのは行政の責任、そのしくみを活用するのは住民の責任ということでしょう。

7　現場の収束に向けた課題

事故を起こしたチェルノブイリ原発4号機の内部の状況は、事故炉を間近から展望する施設に設置された模型でうかがうことができます。現場は惨憺たるありさまであり、ほとんど手の施しようがないと思われます。現に、説明にあたった発電所のガイドは廃炉の見通しは立っていないと言い、さきごろ建設の始まった新しい「石棺」の耐用年数である100年のうちには、なんとか方法が見つかるだろうといった塩梅です。

新石棺の建設の前段階として、3号機の使用済み核燃料は外の燃料プールに搬出済みですが、1号機と2号機の使用済み燃料は運転停止から12年経った今もまだ原子炉建屋のプールに入ったままです。

総じてウクライナでは、無理をして廃炉の作業を進めるよりは、放置して放射能の自然減衰を待つスタンスで臨んでいるような印象です。福島の事故炉は3基ないし4基。メルトダウンした3基は圧力容器も格納容器も原形をとどめている点でチェルノブイリよりも処理しやすいとは言えますが、放出された放射能の量が相対的に少なかった分、残っている放射能の量はかえって多く、放射線量の高さが廃炉作業には壁になります。

いずれにせよメルトダウンした核燃料を青森に搬出して再処理することはないでしょうから、高レベル放射性廃棄物と化した福島第1原発の3基の核燃料は、当分は現地にとどめ置かれる可能性が高いと思われます。一方、高レベル放射性廃棄物の最終処分の見通しが全く立っていない現状を考えれば、事実上、福島の双葉郡が最終処分地のような扱いになる恐れが十分にあります。事故炉の処理・解体とともに、最終的な核燃料の行方についても議論しておく必要があります。

8　むすび

福島の原発災害はもちろん、国内史上初めての経験ですが、一方ではチェルノブイリ原発事故の先例を参考にしながら対処することが必要であると同時に、社会現象としては原子爆弾や水俣病などの被害の教訓をも汲みながら対処していくことが肝要です。現地福島で生活している立場からすると、県民、とりわけ子どもたちがこれからどんな社会的環境に置かれるかが非常に心配になります。子どもたちの健康被害への懸念はもちろん理解できますが、取り返しのつかない放射線被曝をしてしまった子どもたちに過度な恐怖や絶望を抱かせない配慮が肝要です。この問題についてはあくまでも冷静で科学的な検証と研究がなされなければならず、政治的な扱いは断じてあってはならないと考えます。

（2012・7・24）

参考文献

◉清水修二『原発になお地域の未来を託せるか』２０１１年、自治体研究社
◉清水修二『原発とは結局なんだったのか――いま福島で生きる意味』２０１２年、東京新聞出版局

11

ドイツの脱原発への道

ドイツ政府エネルギー問題倫理委員会委員
ベルリン自由大学環境政策研究センター長
ミランダ・シュラーズ

日本は、福島の核惨事に対処しながら新しいエネルギー政策を発展させようとしている。ドイツ政府は2012年3月の危機的な事件の数カ月後に、2022年までに原子力から完全に撤退する決定を下した。ドイツ政府がなぜそうしたのかを考察することは、このような状況のなかで有益なことであろう。どのような代替案が計画されているかについて考えることもまた重要である。ドイツは、原子力なしでどのようにやっていこうと計画しているのか？ 津波が襲来したときの日本の電力における原子力への依存（約30％）はドイツのそれ（約23％）よりも高かったが、両国はともに総エネルギー需要の約10％を原子力から得ていた。どのようにすれば、このエネルギー分を温暖化ガスの排出量を増加させずに代替できるだろうか？

私は、アンゲラ・メルケル首相が福島危機の2週間後に設けたエネルギーの安全供給にかんする倫理委員会に加わった。前環境大臣クラウス・テプファー（CDU）とマチアス・クライナーDFG会長を共同議長にした委員会の17人のメンバーに、福島の核危機は原子力についてのわれわれの考え方にどのような衝撃を与えるものであるのかという問題がなげかけられた。倫理委員会のメンバーは、2人の共同議長のほか、カトリックの司教（Reinhard Marx）、福音派の司祭（Ulrich Fischer）、ドイツ科学アカデミーの総裁（Jörg Hacker）、科学技術アカデミーの会長（Reinhard Hüttl）、環境問題の専門家（Ortwin Renn と Miranda Schreurs）、哲学者（Weyma Luebbe）、リスク専門家（Ulrich Beck）、元政治家（SPDから2人：Klaus von Dohnanyi と Volker Hauff、CSUから1人：Alois Glück、FDPから1人：Walter Hirche）、産業組合 IG Bergbau, Chemie, und Energieの代表（Michael Vassiliadis）、そしてBASFのCEO（Jürgen Hambrecht）であった。

以後2カ月のあいだ、われわれの委員会は出すべき勧告の内容をめぐって、何度も夜遅くまで会合をもった。われわれはまた、人々がわれわれの審議に耳を傾け、共に考えられるように、全国にテレビ中継された公開の会合を2回行った。エネルギーは社会と経済にとって基礎的な重要性をもつものであるから、われわれの意思決定は外部に対して透明性をもたなければならないと委員会は考えたのである。

委員会は原子力の賛成派と反対派の双方を含んでいた。しかし審議の開始時点から、ドイツにおいて原子力に未来がないことは明らかであった。実際、ドイツから原子力を取り去る動きはチェルノブイリの核事故の後に始まっていた。1990年のドイツ統一後には、稼働していた5基の発電炉を廃炉にし、また1976年に火災で安全システムが故障して炉心溶融寸前の事故が起きたことのあるグライフスヴァルト（ベルリンから約100キロ）での原発建設の工事を中止することが決定された。シュテンダールで建設中であったソ連型発電炉2基が取りやめになり、ラインスベルクの小型実証炉も廃炉になった。これらの原発が廃止されたのは、原発設計への安全上の懸念と安全性強化の費用が禁止的なほどになるからであった。この廃炉分の電力は旧東ドイツの発電総能力の10％に達した。廃炉のための作業は現在にまで続いている。

2001年には、社会民主党と緑の党の連立政権のもとで、脱原子力法が可決された。電力産業との長期にわたった交渉を経て、残っていた17基の原発を20年かけて廃止することが合意された。原子力が危険すぎるとドイツ人に確信させるのに決定的であったのは、チェルノブイリ事故であった。福島事故は、そのことを再確認させたにすぎない。

2001年には、原発の閉鎖が完了するのは2020年の初頭であるとされていた。2010年の10月に、現政権であるキリスト教民主同盟（CDU）と自由党（FDP）の連立政権が残存17基の原発の廃止時期をそれぞれの発電炉の年齢に応じて8～14年延長することを決定した。それを原発ルネサンスの現れとみなす向きもあり、実際、原子力の支持者たちに希望を与える決定であった。しかし、日本と異なって、原発を新たに建設する計画はなかった。

原発の操業期間の延長にとどまるこの決定も、数十万人の市民を抗議のために街頭に繰り出させるのに十分であった。福島事故の2週間後には、ドイツの4都市で抗議のデモ行進に加わった人数は約20万人と見積もられている。

福島の危機が起きたとき、ドイツはチェルノブイリ事故25周年（April 26, 2011）を迎えようとしていた。福島第1の1号基と3号基で起きた爆発によって、チェルノブイリ事故直後に、特定の野菜を食べないように、ミルクを飲まないように、子どもを砂や土で遊ばせないように言われた数カ月のことが思い出させられた。それは人々にチェルノブイリ事故の被害を思い起こさせたのである。

福島は現行の連立政権に、そのエネルギー政策の再検討を迫った。日本での原発事故の数週間後、ドイツで最も古い7基の発電炉が、3カ月間のモラトリアムに入るために停止され、その後法律の改正によって永久閉鎖になった。火災による設備損傷があった発電炉が、廃止された原発の8番目になった。これらはドイツの原子力発電能力の約40％に達した。ドイツ人はすぐに、これら8基の原発がなくても電力の供給は十分であったということを認識した。発電能力には余裕があり、外国からの大規模な輸入を必要とするような大規模な電力不足は起きなかった。

このような事態の推移を背景におきながら、倫理委員会の審議が進められた。アンゲラ・メルケル首相とノルベルト・レントゲン環境相が第1回の会議に出席した。アンゲラ・メルケルは、2010年に彼女の政権はドイツ原発の契約期間を延長する決定をしたが、それにもかかわらず、福島危機はこの決定の再検討を要求していると説明した。日本のように技術水準の高い国ですらこのような事故が起こりうるとすれば、原子力を使い続けようというドイツの決定も再考せざるを得ない。ノルベルト・レントゲンは、再生可能エネルギーとエネルギー効率化に支えられた、より持続可能なエネルギー的な未来に向かって移行することは、経済的イノベーションにとってのチャンスであり、新しい経済発展を刺激する、と示唆した。彼らは、原子力は過去何十年ものあいだ国民のあいだに衝突を生み出す対立的問題であったが、代替的な選択肢を発展させることは国論の統一をもたらす機会にもなると付け加えた。

審議をくりかえすなかで、委員会は、原子力は他のどのエネルギーとも比較できないような特異なリスクの集合を有しているという結論に達した。ドイツと日本は、同様に高い原子力安全基準をもっている。委員会は、ドイツの原発は世界の原発のなかで最も安全な部類に属することを認めたが、福島の事故は最高の安全設備と計画をもってしても想像不可能な惨事を防止することはできないことを示している、と結論した。日本では、自然災害と結びついた人間の過ちがシステムのブレイクダウンを引き起こした。委員会は、ドイツでは同種の〔地震・津波による〕事故は起こりにくいにせよ、他の種の予見されない惨事や、テロリストの攻撃などは排除しえないと結論した。もしも破局的な事故が起きたならば、その結果はドイツだけでなく地球全体にまで及ぶほど甚大になりうる。人口が分散して居住しているドイツでは、どの原発も近くに都市がある。しかし、原発を田舎におく場合でも、田舎の人々を都市住民よりも高いレベルのリスクにさらすことになることの倫理的問題についても委員会は考慮した。原発の電力供給は、都市部や工業生産に向けられているからである。

委員会は、原子力を自分たちの今日の便益のために使用しながら、核廃棄物の処理を将来の世代に委ねることに、いまひとつの倫理問題が存在することで一致した。実際、ドイツはニーダーザクセン州のAsse IIで旧岩塩坑を中・低濃度の放射性廃棄物の地底貯蔵所として利用してきたが、過去20年間にわたってその漏出問題に苦慮してきた。今は、高レベル放射性廃棄物の貯蔵所を求めている。この放射性廃棄物の貯蔵問題には十分な解答は存在せず、放射性廃棄物は、全世界で中間的な貯蔵所に留まっていて、したがって、きわめて危険な状態にある。核廃棄物は将来の世代が憂慮しながら対面するものとして残されている。福島とチェルノブイリの核惨事が示しているように、除染の費用は膨大なものであり、数十年、あるいは数世紀をかけなければきれいにはできない。

さらに核拡散の問題が存在する。日本で最近表面に現れたように、核兵器を発展させる能力を持つ国、持ちたいと思う国には、通常の〔非軍事的な〕原子力施設を維持することの利益が存在する。通常の原子力施設は、軍事的施設でも通用する専門家の育成機関になりうる。北朝鮮が現在の事例であるが、インドも、パキスタンも、またおそらくはイランも、通常の原子力施設を発展させた諸国は、さらに核武装の能力の開発にまで進むかもしれない。ドイツは原子力を拒絶することで、他国に対して、核利用に対する代替的な選択肢の可能性を発信しているのである。

最も重要なことは、ドイツの国民が街頭での抗議行動や投票によって、原子力を望まないと意思表示をしていると、倫理委員会が判断したことである。彼らは持続可能なエネルギーに立脚した社会を望み、それはドイツの人々にとっては再生可能エネルギーなのである。

倫理委員会は、エネルギー利用効率の改善や再生可能エネルギーの発展加速によって、どのようにすれば現在の原子力利用の分を埋め合わせられるかについて多大な時間を費やした。脱原子力をスピードアップするならば、再生可能エネルギーのインフラ投資の発展が促進され、新しいイノベーションが刺激され、新しい雇用機会が生まれるであろうということで意見が一致した。不一致があったのは、脱原子力をどれだけの速度で行うべきか、にかんしてであった。したがって、われわれは10年間、あるいは可能であればより短期間でそれを行うべきである、と勧告することにした。委員会は5月末にメルケル首相に答申を手渡した。その翌日、連立政権は脱原発に向けてのプランをアナウンスし、その2カ月後に、2022年までの脱原発に連邦議会が賛成の投票をした。

現在討論されているのは、この決定の実施についてである。2011年末にドイツでは、電力の20%が再生可能エネルギーによって生み出されている。（福島事故のときの17%よりも増加している。）この増加は、一部は原発の閉鎖によるものであり、他の一部は再生可能エネルギーの拡大によっている。

再生可能な電力システムへの移行は現在進行中である。最初の洋上ウィンドパークAlphus Ventusがバルト海で運転を開始した。既存のウィンドパークでは、より大規模でより強力な風力タービンが据え付けられている（リパワリングと呼ばれる）。ますます多くの太陽光パネルが屋根を覆いはじめている。スマートグリッド技術の研究が深まっている。農村のコミュニティは、100%再生可能エネルギーを実現するプランを発展させようとしている。各州の大学が、エネルギー移行と結びついた技術的社会的問題を考察するプロジェクト研究でしのぎを削っている。企業は行動のなかに加わろうと競争している。興味深いことに、ドイツにおける既存の再生可能エネルギー設備の約半数は、市民所有である。

もちろん難問も存在する。再生可能エネルギーの成功にとって、高電圧の送電線を建設することがきわめて重要であるが、その建設のスピードは遅い。

ドイツの計画を、近隣諸国とどのように統合・調和させるかについても問題が存在する。近隣諸国のなかには、フランスのような原子力による発電国にとどまる国もあれば、ポーランドのように原発の増設に関心をいだく国が存在する。

公共的な受容性（パブリック・アクセプタンス）の問題も存在する。新しい高圧送配電グリッドや、大規模風力あるいは太陽光発電施設の建設に住民の反対が起こる場合がある。そのような反対に対して実効的な取扱いが行われるためには、政府、産業、市民のあいだの対話が高程度に行われなければならない。

移行は苦痛なしには行われないだろう。どのようにすれば、民主的かつ公正に移行を行うことができるかについては、公共的な討論と対話が継続的に行われなければならないということについて、認識が次第に高まっている。それは容易にこなせるような挑戦ではないだろうが、その国の企業家精神に活気を与え、未来についての新しい社会的討論の機会を与えるものである。

ドイツは原発から撤退することを決めた唯一の国ではない。オーストリアは1978年にこれを決定した最初の国である。スウェーデンもそれに続いたが、2010年に決定を逆転させた。オーストリアとスペインは原発を新規に建設することを禁じる法律を可決した。イタリア人は国民投票で原発に対して圧倒的な反対票を投じ、それにしたがって政府は原発を新規に建設する計画を撤回した。5基の原発を有するスイスは原発の新規建設を禁止したが、福島事故の数週間前に、原発を当初契約の40年を超えて稼働期間を延長することを許す法を可決していた。メキシコは原発のかわりに天然ガス火力の発電所を建設することを決定した。ベルギーはそれにとって代わるものが十分に早くみつけられるならという条件で、原発からの撤退を考慮している。

ドイツのストーリーが日本にとって意味するものは何だろうか？　日本はドイツ同様に移行期のなかにある。日本の人々もまた原子力に不安を抱いていること、原発の新規建設を要求していた旧いエネルギー計画への支持がほとんど消失していることは明らかである。重要な問題になっているのは、2011年の夏に休止していた原発のうち何基を実際に再稼働させる必要があるかである。日本は完全に脱原発になって新しいエネルギー的未来のレースに加わることができるだろうか？　福島で起きたような危機は、過去のまちがいを反省し、未来のための新しい可能性を考えるための機会になるべきである。日本のように地理的に不安定な国で、原子力の安全問題が突きつけられるのは当然である。日本はエネルギーの効率化と節約についてかなりの経験を有している。ドイツ以上に太陽光と地熱発電にとっての好条件を有し、また列島の各地に風力発電のポテンシャルをかなり有していることを考えれば、再生可能エネルギーのポテンシャルは結構高い。日本は福島の結果として得た教訓をもとに世界をリードする機会を有している。私が予想するのは、福島の後の日本は、以前にも増して高いエネルギー効率をもって現れるだろうということである。それは、太陽光、風力、潮力、地熱に関連した新産業が発展する機会になるだろう。しかし、この領域においてリーダーになるためには、再生可能エネルギーのイノベーションを妨げている制度的構造を打破する必要がある。電力市場をより自由化し、グリッドの所有と電力の利用を分離し、強力なフィード・イン・タリフ制（固定価格購入）を整備する必要がある。政府のリーダーシップも欠くことができない。

最後に、原子力抜きの未来を考えるだけでは十分でない。これまで原子力と密接に結びついていた地域にとって、他にどのような可能性があるかを考えることも必要である。核廃炉と放射性廃棄物の永久保存施設の開発に投資を行うことも必要である。

原子力は技術と安全だけの問題ではない。それは、環境的な正義、世代間の正義、そして倫理にかかわる問題でもある。

（訳◉八木紀一郎）

第4部

市民参加の討論と集会宣言

＊録音記録をもとに討論の内容を要約紹介しているが、発言者の校閲を経たものではない。

第1部および集会宣言をめぐる討論

福島シンポジウム実行委員・福島大学教授
後藤康夫

最初に第1日目の全体像をお伝えすることから始めます。

受付に行列ができるほど参加者が増えるなか、シンポジウムは定刻少し前に始まりました。最初は南相馬市長の桜井さん、農民連の根本さん、ミュージシャンの大友さんたち、3人の講演と質疑応答、そのあと、実行委員会が準備した「集会宣言案」をめぐる会場のみなさま方による討論、夕方からの懇親会では、全国から駆けつけた参加者たちによるスピーチと続きました。大変多彩で、充実したものになったように思います。

とくに「集会宣言案」をめぐる討論では、1時間ほどの短い時間でしたが、若い世代を含めて13人の方が発言しました。これは、市民に開かれた形、しかも市民と研究者が対等な立場で自分の見解を、フロアからではなく演壇から発言するというもので、画期的な試みと言えます。もちろん、内容においては、市民のみなさまから社会科学者の責任を問う声もありました。これらは2日目の学術シンポジウムや「宣言」に反映されていくことになります。

ここでは、3人の講師が共通に語った言葉や言及された考え方に即して、社会科学に投げかけられているると思われる論点を、いくつか整理することとします。

3人とも共通して繰り返し語った言葉、それは「現場」です。桜井市長さんからは、自治体の現場を知らずに、一方的に指示・命令する、あるいは何もしない中央政府。外国のマスコミは現場取材をして世界に向けて発信しているのに、現場から居なくなってしまった日本のマスコミ。根本さんからは、放射能に汚染された農地や農産物、農業や農家の現場を知らない農水省と東電。大友さんからは、東京で福島に入るかどうか議論してもはじまらない、福島でなにが起きているか、まずは現地に行かなくては。こうした「現場」、あるいはそこで生活している「生きた諸個人」について、私たち社会科学に携わる者は、社会認識の枠組に取り込んできているのでしょうか。あるいはフィードバックの回路がしっかり設定されているのでしょうか。

「責任」ということも頻繁に語られました。とくに根本さんは、今回の事態を引き起こした責任の所在と責任の取り方を明確にすべき、その際の判断基準は「倫理」だと強く主張されました。これまでの社会認識の枠組みで十分なのでしょうか。こうした「責任」や「倫理」が真正面から議論できるような広がりと奥行きの深さが求められているように思われます。

これら2つの論点は、主として社会認識に関わるものであるとすれば、これからの社会のあり方に関わることもいくつか語られました。

そのひとつは「多様性」です。根本さんからは作付けをするかしないかの決定権は行政ではなく耕作者・農家にある、耕作者自身の判断だ。大友さんからは福島に行くか行かないかは1人ひとりの判断があり、大いに多様性があっていい。私たち、低線量被曝の福島に生活する者として言わせていただければ、避難するかのか、それとも、この地に住み続けるか、判断が分かれます。判断したとしても、いろいろな事情で行動が制約されます。ですから、避難する人にも支援を、住み続ける人にも支援を、という主張になります。こんな大変な形で、「多様性」のある社会への移行が始まっています。「多様性」を保障する制度づくり、その制度設計思想が求められています。

最後は「構想力」です。根本さんからは「償い」だけでは未来は見えない、政策要求へ。大友さんからは意見が分かれている現状に橋を架ける必要がある、求められているのは新しい思考と表現、そしてネットワークだ。私たちもまた「批判的分析力」だけではなく、いやそれ以上に未来に向かっての「構想力」が求められているように思います。

この点では、大友さんの懇親会でのスピーチが大いに示唆に富みます。いま、言葉で分断され、相互に傷つけ合っている、内向きの議論はやめよう、言葉に対する信頼を取り戻そう、というものです。一言補足させていただければ、言葉の信頼の共通基盤となるのは、やはり人々のコモンセンス、共通感覚と言えます。お手元の配布資料掲載の八木紀一郎論文にある「コモンウェルス」概念もまた、大いに示唆的です。コモンセンス（共通感覚）をベースに、グローバルに開かれたコモンウェルス（共同の富、共和国）形成へということになるのでしょう。

このように、現地交流シンポジウムは、講師のみなさま方による現場のナマの声、しかも芸術表現まで含む広がりのある多様な声、そして、これに呼応する参加者のみなさま方との開かれた討論となり、実り豊かなものになったかと思います。

2日目の学術シンポジウムにおいては、こうした諸論点の展開と深まりが大いに期待されます。

第2部および第3部の質疑応答

午前のセッション「日本の社会科学と震災・原発問題」は、経済理論学会の森岡孝二（シンポジウム実行委員・関西大学教授）が司会を担当し、個々の報告ごとに短時間の質疑応答をおこなった。

◉――八木報告に対して

Q――「日米安全保障体制のもとでの開発主義」であると考えてよいのか？　これは、日米リスク拡大型の保障体制でそれがリスクを拡大したとみていいのか？

A――「開発主義」ということばは明治以降についても言われることがあるので、時間的にも幅のある概念である。戦後どのような開発主義になったかは政治学者のなかでも議論がある。自由貿易体制と対立する要素をもつが、第二次大戦後は自由貿易体制への移行・両立をはかったミックス型で、軍事的体制の面からアメリカとの安保依存型の産業軍事体制になった。戦後でも変遷があり、その分析は重要である。

◉——広渡報告に対して

Q——学術会議の6つのシナリオのうち、1~5のシナリオは脱原発、6は維持。これまでの民主党の政策は原発依存であった。先生の見解は?

A——CO_2の削減という人類的課題問題は重要。コスト、テンポによってシナリオが分かれているが、原発をすぐにやめることは可能だとも言っている。

Q——学術会議の提言などで、事後的に訂正・修正が多かった。修正はどのようにしておこなわれているのか? 学術会議のガバナンスはどうなっているのか?

A——学術会議が出す文書は、通常の場合、事後的な修正もふくめてすべて幹事会の承認を必要とする。急ぐときにはメール審議もある。今回は、東日本大震災対策委員会に震災対策に限定して権限が委譲されたので、この委員会がすべて目をとおしてその承認によっておこなわれた。

Q——学術会議は自分自身が「被告」の立場にいるという発想はなかったのか?

A——そういう気持ちで6カ月間会務をおこなった。とくに1954年の学術会議の声明は原発への道を開くものだった。4月に出した第3次の緊急提言の終わりのほうでそれに触れている。そうした過去の学術会議の活動を反省的に振り返らなければならないと思い、過去の報告・声明・提言をすべて読んだ。

● 山川報告に対して

Q――復興計画においてマンパワーをどう考えているのか？　新しい産業を興すにはイノベーションを担う人材が多数必要だが、それをどのように確保するのか？

A――具体的に産業復興のマンパワーを考える段階にはない。いまマンパワーが入っているのは除染で、産業復興ではない。津波の被害のあった地域には国交省が公募方式でコンサルタントを配置し、高台移転の対象地域にはUR（都市整備機構）がプランナーを送り込んでいて、そうした市町村では地図の入った立派な計画書ができる。ほかのところは手づくりだが、どちらがよいかは疑問である。

● 濱田報告に対して

Q――構造改革以来の「小さな政府」について懸念を感じている。広域圏、平成の市町村合併などが農民漁民にもたらした影響は？

A――コミュニケーションを効率化しようということで合併がおこなわれている。都合のいい偽装専門家を招いて意思決定を整える。周辺部の切り捨て、意思決定の過程でノイズは切ってしまえという態度はよくない。集落から積み上げる決定の体制づくりを考える必要がある。

◉──大西報告に対して

Q──あなたはチェルノブイリ事故についてどういう対応をとったか？　数十年前からおなじような主張をしていたか？

A──専門が原子力ではなかったのでとくに主張はしなかった、この点は不十分であったことを認める。しかし近代経済学を批判する政治経済学の枠組みとして述べたことは一貫している。

Q──「資本から独立した政治経済学」と言われるが「資本と国家〔権力〕から独立した政治経済学」と言うべきではないか。

A──資本という利益集団と、権力という利益集団が対等なものかどうか。権力が資本の代弁者という構造があり、国家と資本は同一ではない。

Q──報告の内容に基本的には同感だが、具体的にはどうすればいいのか？

A──濱田先生、山川先生が言われたように、これからどうするかという議論のなかにも、すでにさまざまな利益が入り込んでいる。政治経済学的な枠組みのもとで闘わなければまともな復興はできないのではないかと感じている。

Q──昨年末の経済理論学会の討論で、大西さんから、コストがそもそも問題であったという半田さんの主張と私の見解が矛盾していないかと言われた。それはコストに何が算入されるかという問題なので矛盾していない。それでは、なぜコストに合わないものが導入されたのか、というとそれが軍事の問題になる。大西さんはこれを対米従属とみられているように思われるが、それほど単純ではなく、日米のつばぜり合いのなかで動いてきた。

A――たしかに原発も中曽根が主導者であったので、核兵器を持つかどうか、そこまでいかなくても、軽水炉で動く原子力潜水艦を持つかどうかということになるなら、ご指摘の問題が出てくる。重要な論点を示していただき感謝する。

午後のセッション「ローカル・ナショナル・グローバルな連関」は、経済理論学会から出た2人の実行委員、山本孝則（大東文化大学名誉教授）・吉田央（東京農工大学教授）が司会を担当しておこなわれた。シュラーズ教授の報告直後に1件の質疑応答があったが、そのあとは午後のセッションの報告だけでなく、午前のセッションの報告をも対象とした合併討論としておこなわれた。

◉――鈴木報告に対して

Q――静岡にも浜岡原発がある。原発立地の地域はこの数十年、原発漬けになっている。御前崎に行ったが福島のような危機を直に知らないために脱原発にまで行っていない。福島の復興会議は脱原発というすばらしい方針を出された。この決断の地域の人々にとっての意味は？

Q――第2のコミュニティという見解について。社会学では、「セカンドタウン」という議論がある。日本では移住は難しいが、どう考えればよいか？

Q――大西報告の政治経済学と鈴木報告がつながっている。猪苗代湖の水利権の問題、災害時のプレハブ住宅の事前契約、教育委員会の姿勢、みんなつながっていないか。

A――ドイツの倫理員会の共同議長であったクラウス・テプファーさんとお会いした。なぜ倫理委員会があれほど毅然とした対応ができたのか。ここには戦後処理の仕方がかかわっているのではないか、と日本に帰る飛行機のなかで考えた。歴史認識・歴史教育もそうだが、日本は、倫理・正義の問題を不得手にしてきた。

放射能汚染による避難対象地域の住民は、ふるさとに帰るのにもかなり長い時間がかかる。二段階目の避難居住地にコミュニティをつくることも、ふるさとにもどるステップアップである。安全神話が支配した過去の原発地域は3万人の雇用の場でもあった。いまでは、避難生活の過酷さのなかでさまざまな分裂・分断が生まれている。事故が起こってはじめて、その深刻さをあらためて理解したことが復興会議の見解になったのではないか。

◉——清水報告に対して

Q——健康被害の状況についてもう少しくわしく聞きたい。

A——チェルノブイリでは調査期間が短かったので、まず政府の公式見解にしたがう研究機関を訪れた。そこでは、子どもについて、ミルクによる内部被曝が認められたが、それ以外の放射能被害は軽微と言われた。他方、政府見解に批判的な市民や研究者の側では、疫学的な裏づけがあるわけではないが、セシウムの影響はあるということであった。両方の意見を聴いてきたが確定的な結論にはいたらなかった。

◉——シュラーズ報告に対して

Q——ドイツには「原子力ムラ」はあるのか？

A——あったけれどもだんだん弱くなった。市民がいろいろ考え、エネルギーの自由化を実現させた。モノポリーをやめさせたので小さな発電会社がたくさんできた。もちろん「原子力ムラ」がなければ２０１０年の原発稼働期間延長の決定はなかっただろうが、その力はいまではかなり弱くなっている。

Q——80年代には日本のほうが原発反対運動は進んでいた。原発を最初に拒否したフライブルクはドイツでも豊かな先進地域であったが、日本では多くは過疎地に原発をつくってきた。原発反対運動の発展にとって、地域経済という要因をどう考えるか？

Q――欧州では、エネルギー政策は安全保障政策と関連しているのできれいごとではすまない。太陽光エネルギーの効率は、中国のサンテックでも10％、日本の最新技術でも20％と低い。EUの場合、周辺諸国に原発などを建設させて中心国にエネルギーを供給させる「エネルギー植民地化政策」があると言われているがどうなのか。

Q――ドイツの政治家は核兵器を持ちたいと言うことは許されないし、またそう思っている政治家はいないと思えるが、なぜか。

A――霞が関ではなく地域が自分の将来を決め、自分の道を歩きたい、と思っている。でも、どうやって変更ができるのか？

1990～91年に旧東ドイツの原発を停めた。エネルギーの安全保障。原子力発電による電力をまったく使わないわけではなく、バランスとして輸入していないということだ。脱原発の国は、ドイツだけでなく、イタリア、スイス、ベルギーと増えている。他方でポーランド、チェコ、ルーマニアはロシアに依存したくないので原子力に依存した。いま欧州で唯一、原発を建設中のフィンランドですら、今後はもうつくれないと言っている。

曇りの日の多いドイツで太陽光発電を普及させることは、それだけみれば合理的ではないが、技術開発が進めば他の国で効果をあげる可能性がある。ラーニングカーブの進歩は著しい。太陽光発電は、技術発展の程度から言えば、1990年代の風力発電のような初期段階にあるのではないか。集中太陽光発電の可能性。日本は多くの島があるので、太陽光、風力、地熱などを開発できるが、送電線の整備が必要だろう。
軍事面の安全保障との関連。第二次大戦についての考え方を基礎にして、ドイツ人は、周りの国との安定をつくるために平和国家になった。核兵器を持ったらかえって不安定になると考えている。

◉——午前セッションの報告に対して

Q——国交省のコンサルなどがなぜ必要なのか？ コンサルにマル投げが必要なほど地域が弱体なのか？

Q——除染で使われた水は最後はどうなるのか？ 垂れ流しなのか？

A——山川 都市部であれば最後は終末処理場、農村部であれば阿武隈川、そして海へ流れ込む。南相馬市はコンサルに頼らずに復興計画を立てようとしている。
地域経済としての原発問題を、福島に来て以来、清水先生とともに研究してきたが、原発立地の経済効果は宣伝されるほど大きいものではない。むしろ地域経済への効果はなかったといえるのではないか。ポスト電源開発の動きはあったが、それもたいしたものにはならなかった。工場団地もあまり効果がなかった。高速道路は着々できたが……。

Q——大西先生が出された政治経済学の問題の解答のひとつを鈴木先生が出された。

Q――社会主義を標榜する中国やベトナムでも原発が推進されていることをどう考えるのか。

A――大西　資本主義と呼ぶか社会主義と呼ぶか？　私は「国家資本主義」と解している。ベトナムが日本の原発を輸入しようとしていることには、対中包囲網として日本と同盟する意図が働いている。鈴木先生のご報告が政治経済学になっているというのはそのとおり。利害に還元して社会の本質を捉える議論をマルクス派以外の学者は好まないが、事実はそうではないか。新技術は時に利害対立を緩和するが、そのケースは多くないと考える。

A――鈴木　ジャステスとエシックスの問題を感じる。戦争責任問題とも関連する。私たちは高度成長期に麻薬を吸い込んで正義やエシックスについて言えないようになってきている。それなりの社会貢献はしてきたものの、これでよかったかと団塊の世代も含めて反省を始めている。このわれわれの疑問を次世代にどのように伝えられるのか、真剣に考えなければならない。

A――清水　チェルノブイリの被害もそうだが、健康被害について26年たっても結論が確認できない。福島もそうなりかねないことを理不尽なことだと感じる。低レベルの放射能汚染のなかで私も生きている。6万人の県外避難者がいるが、浜通りにいまも住んでいる60万人は子どもたちにとっては加害者なのか。そんなにひどくなっていないと言いたいが、それでは安全なのかと問うと、それも違う。引き裂かれる思いがしている。

A――シュラーズ　ドイツの倫理委員会の委員でもあったウルリッヒ・ベックさんが原子力会社の重役に

質問した。チェルノブイリ事故を知っているか？　はい。子ども・孫はいるか？　はい。倫理を知っているか？　ベトナムなど、自分の国のような高い安全基準をもたない国に原発を輸出することは倫理的に許されるだろうか？

私は日本を長年知っているが、きょうはすばらしい議論を聴かせていただいた。日本が将来どのような国を創るのか、みなさんがこのように民主主義を実現しているのは光である。頑張ってください。

A——山川　再生エネルギーの普及にとっては、買取り価格がいくらになるかが焦点。しかし東北電力に買取り枠があって、それがくじ引きで配分されている。これでいいのか。

研究拠点の問題。相馬地区、双葉地区には高等教育機関がなく、いわき市にはあるにはあるが弱い。大きなプロジェクトがきたら原発と同じことになりかねない。教育機関を整備していかなければならない。教育についていえば、子どもたちはもちろんのこと、私たちも含めて地理・歴史の常識を学ぶことが必要だ。

司会——山本　私は縁あってドイツ・ハノーバー市クロンスベルクの先進環境住宅によく行った。そこで原発と風力発電を両側にみながら、ドイツはこの両者をどうしていくのかと思ったが、解決の道を選んだ。日本はどうするか。福島現地での有意義な会のお手伝いができてうれしい。

集会宣言採択に向けた討論

八木紀一郎

【初日午後の討議】

初日午後の第Ⅳセッションでは、講演者が現れなかったので、配布資料にとじ込んでいた「集会宣言案」を参照しながら、社会科学研究者と市民が一堂に会した集会としてどのような合意ができるかを念頭において討議をおこなうことになった。フロアからの発言には以下のようなものがあった。

▼私は原子力発電に反対である。その根拠は以下の4点である。①人類にとって対処不可能なくらい長期にわたって放射線を出しつづけるプルトニウムを生み出す、②原子力発電の「経済性」は発電原価のごまかしの上に成り立っていた、③事故が起きたとき人間が近寄れなくなる、⑤逐次改良することで安全性がはかれる性質の科学技術ではない。

▼阪神大震災の教訓は、復興はハードなインフラを再建することだけが課題なのではなく人間復興、つまり住まい・生活・仕事というトータルな人間生活の再建でなければならないということだった。今

回の震災が阪神のそれと違うのは、ひとつには、南相馬市長の話が示唆するように自治体の復興がきわめて重要だということであり、いまひとつは地域で雇用を生み出す必要があるということだ。私は、自治体が地域にいる技能者を積極的に雇用することによって自治体の能力を高めながら地域の再生に貢献すべきだと考えている。

▼ある科学者集団（日本科学者会議）の役員を担当している。この集団には原子力関係の研究者もいて原発の安全問題をこれまでも取り上げてきたが、チェルノブイリ事故以来、原発問題を本当に真剣に取り上げて運動として方針化できていたのかどうか再点検した。そして今年の大会で、原発の再稼働を許さず、原発をなくし原発に依存しない社会を築くという決議をあげた。この集会の宣言でも原発に反対する態度を明確にしてほしい。

▼日本人は熱しやすく冷めやすいのが性だが、今回、福島で集会を開催したことには強い意志を感じる。福島には山川先生の未来支援センターもあるし、また大友さんのような創意をもった応援者がいる。これらを縦横無尽に結合して、桜のようにパッと散らない持続的な運動を創っていってほしい。

▼阪神大震災のときに比べてボランティアの人数が極端に減っていると言われている。背景にある事態は、現役労働人口のなかに分裂が生じて、条件の悪い非正規でしか働けない人が増え、そうでない人たちも働きすぎやうつになっていることである。前者は低賃金かつ不安定、後者は過労状態で、どちらもボランティアに行くどころではないのだろう。日本の労働社会におけるアリさんとキリギリスさんの

構造問題から立て直す必要があるのではないか。
▼原発事故のあと、感情的な議論が多くなっている。東電だけを叩けばいいものでもないし、原発を推進したのは「原子力ムラ」と言われる少数集団だけではなかった。研究者としては、責任追及だけに躍起になるのではなく、冷静になって全体をつかむ努力が必要だ。
▼原子力発電への反対の声は高まっているが、世界には420基の原発があり、日本だけでも54基がある。それだけに原発を維持しようとする動きは根強く、政府も再稼働に動こうとしている。原発維持の理由と根拠をひとつひとつていねいに批判していって、それをさらに総合していくことが重要だ。
▼原発が立地している地域によく行くが、財政にせよ雇用にせよ原発に依存しているので地域から批判的な声が出せなくなっている。原発立地地域のこのような実態を考えると、集会宣言原案の政策転換の要求はこのままでは不十分である。原発立地地域では、原発を廃止せよというだけでなく、地域の再構築のプログラムを創る必要がある。
▼この原案には、原発をやめるべきだという文言がない。具体的に原発をやめるということを書き込むべきである。また、「長期的な課題」に「公共的枠組み」という語が出てくるが、日本の原発は日本的経営が賛美された1970年代に定着したが、それは営利企業を「公共性」が支えた例ではないのか。
▼**地元市民**……現地はようやく賠償が日程にのぼるようになった段階で、自主避難だといくらもらえるとか、それなら自主避難したことにしようかなどということが話題になっている。まるで、札束でほ

っぺたをひっぱたかれているように感じる。私の住んでいる郡山でも実は放射線量は結構高くて、私の庭でも1・3μSvになっていて、そのなかで普通に生活している。相手を叩き返せるような理論が欲しいと思って集会にやってきた。

▼**地元市民**……震災が起きて以来、学者と市民の関係が見直されるべきだと感じる。学者は市民の手の届かないところで清廉潔白にしていればいいのか。市民は誰が清廉潔白なのかわからないのだ。利害に左右されない議論が生まれるためには、市民が学者の議論に割って入っていくことができる場が必要とされているのではないか。

▼**地元市民**……福島県はかつての石炭・水力にせよ現在の原発にせよ、首都圏に対する供給基地として位置づけられた東北地方の入口だ。原発事故が福島県で起きたのは偶然ではなく、こうした都市・農村関係の大きな構造によって事故の確率が高まっていたのだ。だから、地元住民としては、このような構造に対して、根本的なところでもっと強い主張が欲しい。

集会実行委員会の山川充夫副委員長も、同氏がセンター長になっている「うつくしまふくしま未来支援センター」（福島大学）の活動について説明をおこない、この集会に参加している研究者・市民はみな同センターの提携研究員になれると述べた。

最後に、「集会宣言案」の起草者兼とりまとめ役であった実行委員長（八木）が、「原案」が、現場で市民をまじえて討議・検討されたことに感謝し、この討論で出された論点を実行委員と相談して明日の討議に備えると約束した。

「原案」がとくに「原発」反対を明文化していないことに対しては、「原案」の準備にあたっては、個別イシューへの賛成・反対から出発するよりも、目標／基準を明示することにより個別イシューへの判断をガイドすることが適切であると考えたためであると説明し、ドイツの環境・エネルギー政策専門家から得たアドバイス（①目標・基準をはっきりさせること、②議論の基礎となる数値の厳密な検討を欠かすな、③多様なシナリオを準備せよ）を紹介した。

【2日目午後の討議】

提案者：実行委員長（八木）

これから「集会宣言」の採択に向けての討議をしていただく。昨晩の懇親会とその後に実行委員の数人と多少の意見交換をおこなって、昨日午後の討議をふまえた修正案を作成したが、実行委員会全員の合意がそれに対して得られたわけではない。また、今朝、私のところに修正案をもって来られた方もおられる。まずは昨日の討論をふまえた修正案をお見せして、討議をしていただく。なお、この「集会宣言」は集会参加者の宣言であって、実行委員会を構成している学会の宣言ではないことをお断りしておきたい。

学会がそのような宣言を出すためには、それぞれの学会の会則にしたがった審議が必要だからである。
スクリーンにある第2次案には、修辞を整えた変更と、昨日の討論にふまえた変更が含まれている。修辞の修正は、初日のスピーカーの表記を揃えたこと、また「緊急課題」第2項で「子どもたちの健康の確保に万全を期すこと」としたことである。
昨日の議論を取り入れたのは「緊急課題」の第3項である。昨日の討議を受けて、このように修正した。

「③生活の安全を基礎とした地域・環境・エネルギー政策への転換、とくに危険性の高い原子力に依存した電力供給から早急に転換すること、この転換にともなう地域経済基盤の再構築に取り組むこと」

その他、「長期的課題」の第1項で「営利的市場経済」を「市場経済」に、第3項で「中央政府による国策」を「国策」にしたのも、昨日の討論を念頭においた簡略化である。

◉討議

発言A――「国策」というのは戦前の体制のようで不適切ではないか？
発言B――原発を推進した科学技術体制は、国会でも国策として確立されたのだから、まったく適切。
発言C――コミュニティ単位で復興問題に対応する、それが閉ざされたコミュニティにならないように国民が復興を支援する。こうしたことが倫理問題を解決するのではないか。

発言D――それは「地域の自治と自主性、住民本位」のなかに含まれている。

発言E――「地域の自治」、「住民の自治と地域の自主性を確保して」というのはどうか。

（「もとのままでいい」というフロアからの声あり）

提案者――ご発言の趣旨には賛成である。提案されている文章も、そのような意味だとご解釈していただきたい。

第2次案が読み上げられ、スクリーン提示が一巡したあと、提案者は、今朝手渡されたもうひとつの代案を紹介していいかと会場にはかったが、それは混乱を招くという反対が即座にフロアから表明されたので、この代案の提示は見送られた。なお、後述のように、宣言採択の直前にこの代案の趣旨にしたがった1文の追加が提案され承認された。

◉採択直前の討論

発言F――宣言の主体として参加者一同、と言うが研究者だけか？

提案者――研究活動だけでなく、「社会的活動」も入れて、プロフェッションとしての研究者だけでなく社会科学に関心をもつ市民をも含むことにしたい。

提案者：討議への市民参加にかかわって、さきほど言及した代案から取り入れたいことが1点あるので、次のような1文を挿入することを提案したい。

「しかし、福島の住民の方から、科学および科学者への信頼が失われているという発言がありました。わたしたちはこの指摘を重く受けとめます。」

これが入ると研究者の討論に市民が参加しているということがはっきりする。それを受けた最後の文章は次のようになる。

「これらの緊急課題、および長期的な課題は、日本の社会科学に対して、さらに一段の発展・深化を要求しています。わたしたちは、震災・原発事故によって被害を受け、苦悩しながら困難を打開しようとしている人々との連帯を意識し、自らの社会的活動および研究活動をおこなうことによって責任を果たそうとするものです。」

以上の追加提案に拍手で賛同の意思が表明された。最後に、提案者がスクリーンに提示された「宣言案」の全体としての採択への賛同を求め賛同の拍手が得られた。

福島シンポジウム　集会宣言

東日本大震災被災者・東京電力福島第1原発事故被害者のみなさん、日本、世界のみなさん！

わたしたちは大震災と原発事故発生から、ちょうど1年になるこの3月に、いまなお放射能汚染に脅かされている福島市で、日本の経済学系5学会の協働による集会を開催しました。それは、社会科学は机上のモデルを扱うだけの営為ではなく、現実の人々の苦難と憂慮から発する営為であるという初心に戻りたいと考えたからです。

集会初日には、放射能汚染による生活破壊、地域・住民の分断と闘っている基礎自治体の首長、農民運動の活動家、新しい市民運動を立ち上げたミュージシャンの声を聞き、地域・住民・基礎自治体、地域と深く結びついた研究者と域外市民の連帯心のなかから復興のイニシアチブが生まれていることを確認しました。しかし、福島の住民の方から、科学および科学者への信頼が失われているという発言がありました。わたしたちはこの指摘を重く受けとめます。

本日の午前には、学術会議前会長の広渡清吾さんを迎えて4学会の代表者が震災問題への社会科学者のかかわりについて討議しました。わたしたちが一致したことは、社会科学は、地域における生活と自然の持続可能性をはかり、住民の自治・生活主権を尊重した復興政策と経済体制の構築のために貢献すべきであるということです。
午後には、福島県復興ビジョンの策定に尽力した鈴木浩さん、福島県内外の人たちを集めてチェルノブイリ調査団を組織した清水修二さん、そしてドイツで脱原発の方針が再確立されるさいに大きな役割を果したミランダ・シュラーズさんを迎えて、ローカルな動きがグローバルな動きと連動していることを知りました。

2日間の討議を通じて、わたしたちは以下の3点が、震災・原発事故にかかわる緊急課題であることを確認しました。

1──地域の自治と自主性を確保した住民本位の復興政策を実現すること
2──原発事故とそれに伴う放射能汚染の責任を明確にし、被害者への迅速・公正な補償をおこなうこと、とくに未来を担う子どもたちの健康の確保に万全を期すこと
3──生活の安全を基礎とした地域・環境・エネルギー政策への転換、とくに危険性の高い原子力に依存した電力供給から早急に転換すること、この転換にともなう地域経済基盤の再構築に取り組むこと

わたしたちは、これらの緊急課題の追求は、以下3点のより広範かつ長期的な課題に結びつくと考えます。

1――市場経済に公共的な枠組みを適切に与える持続可能な経済体制の構築
2――国策による地方統制・住民支配ではない地方自治と国民主権の再興
3――地域、国家、世界全体のレベルで、互いに協力しあい連帯するモラルを構築すること

これらの緊急課題、および長期的な課題は、日本の社会科学に対して、さらに一段の発展・深化を要求しています。わたしたちは、震災・原発事故によって被害を受け、苦悩しながら困難を打開しようとしている人々との連帯を意識し、自らの社会的活動および研究活動をおこなうことによって責任を果たそうとするものです。

2012年3月25日

震災・原発問題福島シンポジウム参加者一同

集会宣言英語版

Joint Declaration of Fukushima Symposium Participants

To the victims of the East Japan Earthquake and Tsunami, and those who have suffered damage from the accident at the TEPCO Fukushima Nuclear Reactor 1! To our fellow Japanese and fellow citizens of the world!

Here in the city of Fukushima, which still now lives under the threat of radioactive pollution, in March 2012, almost a year to the day since the earthquake and nuclear accident, we the members of five organizations of professional economists have convened this joint meeting. We have done so out of our desire to recover our original conviction that Social science is not only a matter of treating abstract models but also springs from the travail and concerns of real, living people.

On our first day, we heard the appeals of the mayor of a local city, of an activist of farmers' movement battling with radiation damage, of a musician launching a new citizens' movement, and from scholars acting on the basis of their local ties. Having done so, we have renewed our understanding that initiatives for reconstruction are emerging from the residents and local governments of affected for a study of conditions at Chernobyl; and of Miranda Schreurs, who has played a major role in reestablishing the policy of denuclearization in Germany, we saw clearly how local movements link up with global movements.

Through our two days of discussion, we have recognized the following 3 points as urgent tasks in dealing with the earthquake and nuclear accident:

1) achieving a reconstruction policy based on local residents that safeguards local self-government and autonomy

2) clarifying responsibility for the nuclear accident and the accompanying radiation, and providing prompt and fair compensation of victims, in particular sparing no expense to safeguard the health of children, on whom the future depends

3) moving toward a regional policy and environmental/energy policy based on safety of life and livelihood, in particular moving rapidly away from sources of electric power that rely on highly dangerous atomic energy, and engaging with the task of reconstructing the basis of the regional economy that accompanies this shift

regions, scholars with local ties, and citizens elsewhere acting in solidarity with them. However, there were also statements by the Fukushima residents in attendance that the trust among them in science and scientists was being lost. We take these points with utmost seriousness.

This morning, we welcomed Professor Hirowatari Seigo, formerly president of the Japan Science Council, and he was joined by representatives of four of our organizations in a discussion of how social scientists ought to be engaged with the issues raised by this unprecedented disaster. We were unanimous in agreeing that social science has the duty to strive for the sustainability of local livelihoods and the natural environment, and to contribute to the formulation of recovery policies and an economic system that respects residents' local autonomy and sovereignty over issues affecting their daily life and livelihood. We also affirmed that for this purpose, the further development and deepening of social science is essential.

In the afternoon, thanks to the presence of Suzuki Hiroshi, who has devoted himself to establishing Fukushima Prefecture's Vision for Reconstruction; of Shimizu Shuji, who organized a group from Fukushima Prefecture and elsewhere

We believe that the pursuit of these urgent tasks is connected to the following 3 broader and longer-term challenges:

1) constructing a sustainable economic system that sets an appropriate public framework for the profit-driven market economy

2) reconstructing local government and national sovereignty in terms other than that of control of localities and domination of their residents through policies set by the central government

3) building up a moral sense of mutual cooperation and solidarity at the regional, national and global levels

In the belief that the urgent and longer-term tasks described above demand the further development and deepening of Japanese social science, we pledge to fulfill our responsibility as scholars by carrying out our research activities in solidarity with the victims of the earthquake and nuclear accident, who are striving amid their sufferings to overcome the difficulties they face.

March 25, 2012

Fukushima Symposium on the Earthquake and Nuclear Disaster, in Unanimity

あとがき

本書『いま福島で考える――震災・原発問題と社会科学の責任』は、「震災・原発問題福島シンポジウム　2012年3月24〜25日」の報告集である。シンポの諸報告の単なる記録ではなく、報告・執筆者には、出版にあたって新たに書き下ろしていただくか、音声記録の反訳原稿に手を入れていただいて、推敲を重ねる面倒をおかけした。

このシンポは、「3・11」1周年の企画として、経済理論学会、経済地理学会、日本地域経済学会、基礎経済科学研究所が主催し、政治経済学・経済史学会の協賛と福島大学うつくしまふくしま未来支援センターおよび日本経済学会連合の後援を得て開催された。こうした経緯からいうと、編集委員は主催4学会の関係者に委嘱することも考えられた。しかし、実務的な理由から、当日の運営に中心的に関与した経済理論学会の後藤康夫、森岡孝二、八木紀一郎が編集委員を引き受けることになった。

このシンポはつぎの4つの特徴をもっている。3・11以降に出版された震災・原発問題を扱った多くの類書に比べた場合の本書の独自性も、これらの特徴に集約される。

1――経済学の諸分野の研究者が福島に集い、復興に取り組む福島大学の教員諸氏、南相馬市長、農民団体と市民団体の関係者、さらには一般市民の参加を得た。
2――学会間の交流がほとんどない日本の学問風土のなかで、脱原発の先進国ドイツからも報告者を迎えて、文字通り学際的な議論が行われた。
3――現実世界の大問題に目を閉ざしがちな学界にあって、近未来の社会システムとエネルギーのあり方を見据え、被災との闘いと復興の課題に踏み込んで討論した。
4――日本学術会議前会長の報告をはじめ、研究者の報告は、いずれも学術と社会とのかかわりからみた社会科学の責任について問うものであった。

経済理論学会の事情だけをいうのは憚られるが、同学会は、幹事会の名において、3・11から約1ヵ月後の2011年4月16日、「東日本大震災と福島第1原子力発電所の事故についての声明」を発表した。そして、同年9月17~18日に立教大学で開催した「2011年度経済理論学会第59回大会」に際しては、本書の編集委員3人を運営委員として「東日本大震災と福島第1原発事故を考える意見・提言集」をとりまとめるとともに、特別部会「東日本大震災と福島第1原発事故を考える」を設けて報告と討論を行った。

その間の6月18~19日には、八木と森岡が福島県と宮城県を訪れ、福島市では脱原発に舵を切った「福島県復興ビジョン」の基本方針（案）について、山川充夫福島大学教授から詳しくお聞きした。また、仙台市と名取市の沿岸部では、すべてが瓦礫の山と化した津波の生々しい傷跡を目の当たりにした。こうした見聞も、被災1周年に福島シンポの開催を呼びかけたことに繋がっている。

また、経済理論学会は、本年10月6~7日、愛媛大学において開催する第60回大会の共通論題で、「大震災・原発問題と政治経済学の課題」について討論する。それゆえに、できることなら大会当日までに本書を出版しようと編集スケジュールを立てた。結果的にはなんとか間に合ったが、音声記録の入手に予想外に時間を要したために進行が遅れ、執筆・報告者の方々には原稿の段階だけでなく、校正でもずいぶんご無理をおかけした。

本シンポの開催に際しては、福島大学学術振興基金、福島大学経済経営学類、日本経済学会連合、複数の主催学会から助成をいただいた。また、シンポの準備、当日の運営、および出版に際しては、執筆・報告者のほかに、音声と映像の記録を作成いただいたＮＣＣ ＳＴＵＤＩＯの手塚宣幸氏、シンポの司会をお願いした山本孝則氏と吉田央氏、事務局をご担当いただいた厳成男氏、通信連絡と会場設営でご尽力いただいた後藤宣代氏、南相馬の被災地域の写真をご提供いただいた同市企画経営課の高橋一善氏、『集会宣言』を英訳してくださったカリフォルニア大学バークレー校のアンドリュー・バーシェイ教授、音声反訳を依頼した森岡洋史氏、その他多くの方々から多大のご協力をたまわった。桜井書店の店主の桜井香氏には、本書の企画から刊行まで編集実務を超えてお力添えいただくとともに、出版事情の厳しいなかで、採算を顧みず一部の写真や図版をカラー印刷するなどの便宜を計らっていただいた。末尾ながら、すべての協力者の方々に心より感謝申し上げる。

本書が日本社会の将来を左右する震災・原発問題に関する、学術と社会を結ぶ幅広い議論の一助となれば幸いである。

2012年8月29日

編集委員を代表して　森岡孝二
（福島シンポジウム実行委員・関西大学教授）

いま福島で考える

震災・原発問題と社会科学の責任

2012年10月15日　初版

編者　後藤康夫・森岡孝二・八木紀一郎
ブックデザイン　加藤昌子
発行者　桜井　香
発行所　株式会社 桜井書店
東京都文京区本郷1丁目5-17　三洋ビル16　〒113-0033
電話（03）5803-7353　ファクシミリ（03）5803-7356
http://www.sakurai-shoten.com/
印刷所　株式会社 ミツワ
製本所　誠製本株式会社

ISBN978-4-905261-10-0　Printed in Japan

FUKUSHIMA